"十三五"职业教育规划教材高职高专课程改革项目研究成果

CDMA2000 设备及应用

主编 张帆 宋拯 时佳

北京理工大学出版社
BEIJING INSTITUTE OF TECHNOLOGY PRESS

内 容 简 介

本书比较全面地介绍了 CDMA2000 移动通信网络技术与移动网络信息化应用，主要包括 2 个大部分的内容：CDMA2000 的核心网和接入网理论内容，简要介绍 CDMA2000 国际技术标准发展历程，并与其他 3G 国际技术标准进行了简要的比较，介绍了 CDMA2000 1x 移动通信无线网、核心网技术基础知识，介绍了 CDMA2000 1x 移动通信技术、组网技术、基本业务流程，另一部分是 CDMA2000 网络硬件平台介绍包括机架、机框、单板，信令流程的逻辑关系，接口类型，常见故障处理方法等。

图书在版编目（CIP）数据

CDMA2000 设备及应用 / 张帆，宋拯，时佳主编. —北京：北京理工大学出版社，2017.6
（2017.7 重印）
ISBN 978-7-5682-4321-6

Ⅰ．①C… Ⅱ．①张… ②宋… ③时… Ⅲ．①移动通信–通信设备 Ⅳ．①TN929.5

中国版本图书馆 CIP 数据核字（2017）第 163986 号

出版发行 / 北京理工大学出版社有限责任公司
社　　址 / 北京市海淀区中关村南大街 5 号
邮　　编 / 100081
电　　话 / （010）68914775（总编室）
　　　　　（010）82562903（教材售后服务热线）
　　　　　（010）68948351（其他图书服务热线）
网　　址 / http://www.bitpress.com.cn
经　　销 / 全国各地新华书店
印　　刷 / 三河市华骏印务包装有限公司
开　　本 / 787 毫米×1092 毫米　1/16
印　　张 / 13
字　　数 / 310 千字
版　　次 / 2017 年 6 月第 1 版　2017 年 7 月第 2 次印刷
定　　价 / 32.00 元

责任编辑 / 封　雪
文案编辑 / 张鑫星
责任校对 / 周瑞红
责任印制 / 李志强

前言

Preface

随着移动通信技术的发展，社会对通信专业技术人才的需求也迅速增加，对通信技术人才的要求也越来越高。作为新一代的通信技术人才，必须对移动通信系统的发展及技术操作应用有着充分的了解，必须具有全程全网的概念。

本书是一本全面介绍 CDMA2000 设备及应用的教材，比较全面地介绍了 CDMA2000 移动通信网络技术与移动网络信息化应用，主要包括 2 个大部分的内容：一部分是 CDMA2000 的核心网和接入网理论内容，CDMA2000-1x 移动通信无线网、核心网技术基础知识；另一部分是 CDMA2000 网络硬件平台，包括机架、机框、单板，信令流程的逻辑关系，七号信令协议及 3G 使用协议等。本书充分反映了 CDMA2000 网络的发展进程及技术操作应用，以帮助学生建立全面、系统的网络及技术应用发展的概念。

本书第 1、2 章由宋拯老师编写，第 3 章由时佳老师编写，第 4、5、6 章由张帆老师编写。在本书编写的过程中，得到了很多老师的帮助，编者在此一并表示感谢。

由于编者水平有限，时间仓促，书中难免存在不足之处，恳请读者批评指正。

编　者

目录

$\mathcal{C}ontents$

1

第 1 章

移动通信基础

1.1　无线通信的发展

移动通信的主要目的是实现任何时间、任何地点、任何人之间的通信。无线移动通信技术基本上是围绕开辟新的移动通信频段、合理有效地利用频率资源和移动台的小型化、轻便化、多功能化为中心而发展的。从 20 世纪 70 年代美国贝尔实验室提出"蜂窝"理论开始，蜂窝移动通信得到了广泛应用。从理论上，蜂窝系统的本质是在不同的地理位置可重复使用无线电信道，即频分复用。将服务区分割成一个个抽象的六边形蜂窝状小区，两个不相邻的小区可以使用相同的频率，小区的大小取决于用户密度，因而大大提高了频谱利用率，从而有效地提高了系统的容量。同时，由于微电子技术、计算机技术、通信网络技术、信号编码技术及其数字信号处理技术的发展，移动通信在交换、信令网络体制和无线调制编码技术等方面都有了长足的发展，从而使蜂窝移动通信系统经历了从模拟到数字，从频分（FDMA）到时分（TDMA）、码分（CDMA）的变化；从第一代蜂窝移动通信系统到第三代蜂窝移动通信系统的演进。

知识导读

了解无线通信技术的发展过程。

1.1.1　第一代模拟蜂窝移动通信

20 世纪 70 年代末，在蜂窝组网技术的基础上第一代蜂窝移动通信系统孕育而生，开创了蜂窝移动通信系统商用化的先锋。第一个蜂窝系统 AMPS（高级移动电话业务）在 1979 年美国芝加哥成为现实。这一阶段其他的制式还有英国的 TACS、北欧的 NMT。

第一代通信的特点是以 FDMA 和模拟调制（FM）为特征，语音传输为模拟信号。其主要特征表现为频率利用率低、容量小，无统一的国际标准、设备相当复杂、费用较贵、需要一定的保护频带，无有效抗干扰、抗衰减的措施、语音质量不高、安全性差，易被窃听，易做"假机"等缺陷，并且用户数受到一定的限制，无法承担非语音业务和数字通信业务，随着业务的发展，已无法满足市场的需求。这些致命的弱点妨碍其进一步发展，因此模拟蜂窝移动通信逐步被数字蜂窝移动通信所替代。

1.1.2　第二代数字蜂窝移动通信

20 世纪 80 年代开发出了时分多址和窄带码分多址为主体的移动电话系统，称为第二代移动通信系统。代表产品有两类：TDMA 系统和窄带 CDMA 系统。

1.1.2.1　TDMA 系统

TDMA 系列产品的最大特点是采用时分多址技术，并配合频分多址实现移动通信功能。其中比较成熟和最有代表性的制式有：泛欧 GSM、美国 D–AMPS 和日本 PDC。上述三种产品的共同点是数字化、时分多址、语音质量比第一代好、保密性好、可传送数据、能自动漫游等。但三种不同制式各有其优缺点，PDC 系统频谱利用率很高，仅在日本本土使用；D–AMPS 系统容量最大，但设备复杂；GSM 技术最成熟，技术标准公开，被全世界各地普遍采用。

1.1.2.2　窄带 CDMA 系统

码分多址（CDMA）无线技术是继 GSM 等数字通信技术之后，发展起来的一种新型数字蜂窝技术。CDMA 系列主要是以高通公司为首研制的基于 IS–95 的 N–CDMA（窄带CDMA）。它利用数字传输方法，采用扩频通信，功率控制、软容量、软切换、语音激活、语音编码、多址、分集接收、RAKE 接收等关键技术使得 CDMA 系统具有突出的优点，将移动通信技术推向一个新的发展阶段。

CDMA 系统采用了先进技术，使得其在很多方面具有了 TDMA 系统所不能比的优势：如频谱利用率高，覆盖范围广，系统容量大，频率规划简单，语音质量高；抗干扰性能好，辐射功率小，待机时间长，穿透能力强，室内覆盖好，保密安全性好、不易盗号等。

CDMA 的发展是一个渐进的过程，目前市场商用的产品基本上都是基于 IS–95A 的窄带N–CDMA 技术。在现有窄带 N–CDMA 的基础上，实现低成本、高质量、互联互通、支持 IP和数据业务，实现无线智能网（WIN）业务，向用户提供方便、有效的通信服务。从通信技术和人们的需求来看，未来的无线通信世界将是一个宽带、综合、数据、多媒体网络。宽带CDMA 技术将是支撑这个网络的重要支柱。

1.1.3　第三代移动通信——IMT2000

随着用户的不断增长和数字通信的发展，第二代移动电话系统逐渐显示出它的不足。首先是频带太窄，不能提供如高速数据、慢速图像和电视图像等各种宽带信息业务；其次是 GSM虽然号称"全球通"，实际未能实现真正的全球漫游，尤其是在移动电话用户较多的国家如美国、日本均未得到大规模的应用。随着科学技术和通信业务的发展，一个综合现有移动电话系统功能和提供多种服务的综合业务系统，第三代移动通信系统出现，即 IMT–2000。

1.1.3.1 IMT-2000 的关键特性

（1）包含多种系统；

（2）世界范围设计的高度一致性；

（3）IMT-2000 业务与固定网络的兼容；

（4）高质量；

（5）世界范围内使用小型便携式终端。

1.1.3.2 第三代移动通信系统的技术标准

具有代表性的第三代移动通信系统技术主要存在以下四个标准：

（1）以 Qualcomm 公司为代表提出的与 IS-95 系统反向兼容的宽带 CDMA2000 的建议。

（2）欧洲考虑在 IMT-2000 网络发展目标上，支持宽带分组交换网为核心，将当前的从功能上分层的网络模式演变成端到端的客户—服务器模式，专门开发与 GSM 系统反向兼容的 WCDMA 标准。此方案便于由 GSM 平滑过渡到第三代，故受到很多 GSM 供应商支持。

（3）我国向 ITU-R 提交了 TD-SCDMA 技术。

（4）由 WiMax 论坛提出的 WiMax 技术（宽带无线接入系统）。

1.1.3.3 2G 向 3G 的演进

第三代移动通信网络的建设是一个长期的过程。由于建设初期存在网络覆盖问题，并且同时大规模建设核心网和接入网需要很高的投入，因此世界各国普遍采用了以第二代移动通信网络为基础发展第三代移动通信的演进策略，即尽量与 2G 系统兼容，实现 2G 到 3G 的平滑过渡，以解决 3G 建设初期的漫游问题和第三代网络建设的庞大投入问题。同时，对于新的网络运营商会直接建设新的 3G 网络。由于目前存在两大主要制式 GSM 和 IS-95 CDMA，所以从 2G 向 3G 的演进分为从 GSM 向 3G 的演进和从 IS-95 CDMA 向 3G 的演进。

两种制式向 3G 的演进路径如图 1.1-1 所示。

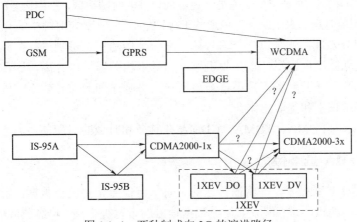

图 1.1-1 两种制式向 3G 的演进路径

GSM 向 3G 演进一般需经过 GPRS（2.5G）阶段，然后演进到 WCDMA。IS-95 CDMA

向 3G 的演进先发展到 CDMA2000–1X（单载波，速率最高为 384 kb/s[①]），下一步是从 CDMA2000–1X 演进到增强型 CDMA2000–1XEV。

1.1.3.4　IMT–2000 的频谱分配

根据 1992 年世界无线电管制大会的规定，IMT–2000 频谱分配如下：

上行频段：1 885～2 025 MHz；下行频段：2 110～2 200 MHz；

移动卫星业务频段：1 980～2 010 MHz；2 170～2 200 MHz。

1.2　CDMA 技术基础知识

知识导读

了解 CDMA 的基本概念、特点、技术。

了解 CDMA 演进过程、网络结构、网元功能和接口功能。

1.2.1　多址技术

众所周知，在无线通信环境的电波覆盖区，如何建立网内终端用户间的信道连接，是任何一个传输系统考虑的首要问题，该问题的本质是一个多址移动通信问题。目前使用的无线多址方式有：模拟系统中的 FDMA、数字系统中的 TDMA 和 CDMA。实现多址连接的理论基础是信号分割技术，即在发送端进行恰当的信号设计，使各发射的信号有所差异；在接收端有信号识别能力，能从混合信号中分离选择出相应的信号。

FDMA：频分多址，就是在频域中一个相对窄带信道里，信号功率被集中起来传输，不同信号被分配到不同频率的信道里，来自邻近信道的干扰用带通滤波器限制，这样在规定的窄带里只能通过有用信号的能量，而任何其他频率的信号都被排斥在外。

TDMA：时分多址，就是一个信道由一连串周期性的时隙构成，不同信号的能量被分配到不同的时隙里，利用定时选通来限制邻近信道的干扰，从而只让在规定时隙中的有用信号能量通过。

CDMA：码分多址，就是每一个信号被分配一个伪随机二进制进行扩频，不同信号能量被分配到不同的伪随机序列里。在接收机里，信号用相关器加以分离，这种相关器只接收选定的二进制序列并压缩其频谱，凡不符合该用户二进制序列的信号就不被压缩带宽，只有有用信号的信息才被识别和提取出来。

图 1.2–1 所示为 FDMA、TDMA、CDMA 在频域和时域的对应关系。

1.2.2　CDMA 基本概念

CDMA 是基于扩频技术，即将需传送的具有一定信号带宽信息数据，用一个带宽远大于信号带宽的高速伪随机码进行调制，使原数据信号的带宽被扩展，再经载波调制并发送出去。接收端由使用完全相同的伪随机码与接收的带宽信号做相关处理，把宽带信号换成原信息数

---

① b/s=bps=bit/s。

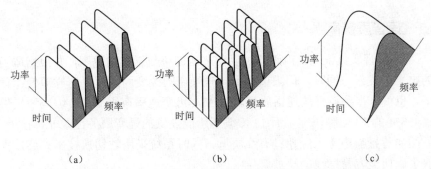

图 1.2–1　FDMA、TDMA、CDMA 在频域和时域的对应关系

（a）FDMA；（b）TDMA；（c）CDMA

据的窄带信号即解扩，以实现信息通信。

&说明：

所谓扩频技术，即是将原始信号的带宽变换为比原始带宽宽得多的传输信号，以达到提高通信系统的抗干扰目的。其数学模型即为信息论中的香农（Shannon）公式，即在白噪声干扰的条件下，信道容量为

$$C=B \log_2 (1+S/N)$$

式中，B 为信道带宽；S 为信号平均功率；N 为噪声平均功率；C 为信道容量。

从上面的公式中可以看出：即使信噪比 S/N 比较小，但只要增大带宽 B，同样可以在不降低系统容量的情况下达到高质量的通信目的。

CDMA 是一个自扰系统，所有移动用户都占用相同带宽和频率。用一个比较形象的例子来说明 CDMA 的工作机理：

将带宽想象成一个大房子，所有的人将进入唯一的大房子，如果他们使用完全不同的语言，就可以清楚地听到同伴的声音而只受到一些来自别人谈话的干扰。在这里，屋里的空气可以被想象成宽带的载波，而不同的语言即被当作编码，可以不断地增加用户直到整个背景噪声限制住了我们。如果能控制住用户的信号强度，在保持高质量通话的同时，就可以容纳更多的用户。

1.2.3　CDMA 特点

CDMA 移动通信网是由扩频、多址接入、蜂窝组网和频率再用等几种技术结合而成的，含有频域、时域和码域三维信号处理的一种协作，因此具有抗干扰性好、抗多径衰落、保密安全性高，同频率可在多个小区内重复使用，所要求的载干比（C/I）小于 1，容量和质量之间可做权衡取舍等属性。这些属性使 CDMA 比其他系统有非常重要的优势。

1.2.3.1　覆盖范围大

在移动通信系统领域，如果对 CDMA 和 GSM 系统做一个对比，CDMA 系统理论上覆盖半径是标准 GSM 的 2 倍。如果覆盖 1 000 km^2，CDMA 只需要 50 个基站，GSM 则需要 200 个。在相同的覆盖条件下，基站数量大为减少，对运营商而言，设备的投资会大为减少。

1.2.3.2　大容量

在相同的频谱利用率下，CDMA 的容量是 GSM 的 4～5 倍，是模拟网的 10 倍。

1.2.3.3 语音质量高

CDMA 系统语音质量很高，声码器可以动态地调整数据传输速率，并根据适当的门限值选择不同的电平级发射。同时，门限值根据背景噪声的改变而改变，这样即使在背景噪声较大的情况下，也可以得到较好的通话质量。CDMA 可变速率声码器 8 K 编码所提供的语音质量至少不比 GSM 的 13 K 编码差，而 13 K 编码所能提供的语音服务已经非常接近有线电话，甚至有些方面如背景噪声等已经超过有线质量。同时系统采用软切换技术先连接再断开，这样完全克服了硬切换容易掉线的缺点。

&说明：

所谓软切换，即终端在同一频率不同信道间的切换。而同一基站不同扇区之间的信道切换称为更软切换，而硬切换与软切换正好相反，不同频率不同信道间的切换称硬切换。

1.2.3.4 绿色手机

CDMA 采用不同的功率控制技术，使得 CDMA 的平均功率和 GSM 相比有了大幅度的下降，从而降低了辐射，为安全使用系统提供了保障。

1.2.3.5 频率利用率高

由于 CDMA 系统采用不同的伪随机码对用户信号进行调制，从频域的角度去看，所有信号的频谱是重叠在一起的，因此频谱的利用率非常高。

1.2.3.6 频率规划简单

因为用户按不同的序列码区分，所以不相同 CDMA 载波可在相邻的小区内使用，网络规划灵活，扩展简单。

1.2.3.7 隐蔽性和保密性强

语音质量隐蔽性和保密性强。

1.2.3.8 抗干扰和抗多径能力强

语音信号抗干扰和抗多径能力强。

1.2.4 CDMA 关键技术

3G 标准普遍采用 CDMA 技术，是因为 CDMA 的一些关键技术在使用效率、传输可靠性和系统容量方面带来的优异特性。

1.2.4.1 软切换

软切换是 CDMA 移动通信系统所特有的。其基本原理：当移动台处于同一个 BSC（基站控制器）控制下的相邻 BTS（基站收发信机）之间的区域时，移动台在维持与原 BTS 无线连接的同时，又与目标 BTS 建立无线连接，之后再释放与原 BTS 的无线连接。发生在同一个 BSC 控制下的同一个 BTS 的不同扇区间的软切换又称为更软切换。

软切换有以下几种方式：

（1）同一 BTS 内不同扇区相同载频之间的切换，也就是通常说的更软切换（Softer Handoff）；

（2）同一 BSC 内，不同 BTS 之间相同载频的切换；

（3）同一 MSC 内，不同 BSC 之间相同载频的切换。

1.2.4.2　功率控制

如果小区中的所有用户均以相同功率发射，则靠近基站的移动台到达基站的信号强；远离基站的移动台到达基站的信号弱，导致强信号掩盖弱信号。在 CDMA 系统中某个用户信号的功率较强，对该用户的信号被正确接收是有利的，但却会增加对共享频带内其他用户的干扰，甚至淹没有用信号，结果使其他用户通信质量劣化，导致系统容量下降。为了克服这个问题，必须根据通信距离的不同，实时地调整发射机所需的功率，这就是"功率控制"。

CDMA 的功率控制包括反向功率控制、前向功率控制和小区呼吸功率控制。功率控制可以使每个用户用最小的功率收发信息，既减小对其他用户的干扰，又可以减少手机的充电次数。

1.2.4.3　Rake 接收

无线发射机发射的无线信号遇到障碍物会发生反射，由于反射波、直射波和移动的收发信机等因素，产生了信号从发射机到接收机的不同传输路径，到达接收机的不同路径的信号之间有延迟。当两条路径的信号之间的延迟满足一定条件时，两路信号即可看成不相关信号。CDMA 系统利用这一特性，在接收机上构造出多径接收，这种接收方式被称为 RAKE 接收。

RAKE 接收机同时使用多个解扩器，对接收信号先做适当延迟，对应多个路径；然后对这些延迟信号进行解调解扩处理；最后将解调解扩后的信号合成。

1.2.4.4　可变速率编码

充分利用语音激活因子，减少发射功率、提高系统容量。CDMA 有三种标准的语音编码技术，具有良好的背景噪声抑制功能：

8 K QCELP（Qualcomm Code Excited Linear Prediction）；

13 K QCELP；

8 K EVRC（Enhanced Variable Rate Codec）。

1.3　CDMA 网络演进和结构

知识导读

了解网络演进方向和结构。

1.3.1　CDMA 网络演进

CDMA 技术体制从最初的 IS–95 向 CDMA2000 系列演进，CDMA2000 向 ALL–IP 网络

演进，分为 Phase0、Phase1、Phase2 和 Phase3 四个阶段。

1.3.1.1　Phase0

该阶段为传统的电路模式无线网，支持电路交换和分组交换技术。

1. 核心网

支持 TIA-41 网络，对分组数据网络的支持由 IS-707 规定的 service option 33 能力集来提供，不提供基于 TIA-41 网络的分组数据切换的支持。分组数据网络实现标准是 Release A，实现 simple IP 和 mobile IP 接入技术，由 AAA 实现鉴权认证计费服务器功能。

2. 接入网

由 IOS 4.0 定义，详细定义了基于传统 TIA-41 网络的 MSC 与 BSC 间的接口以及 PCF 与 PDSN 间的接口。

3. 空中接口

由 CDMA2000 Release 0 定义。

1.3.1.2　Phase1

该阶段支持电路交换和最初的基于网络的分组交换技术，具体包括：

（1）支持分组数据会话切换；

（2）支持电路模式呼叫切换后发起分组数据的会话；

（3）支持分组会话切换后发起或终结电路模式的语音呼叫；

（4）支持电路交换语音呼叫与激活的分组会话的并发业务。

此阶段支持的协议标准有 N.S0005、N.S0029-0、CDMA2000 Release A、IOS 4.1，具体如下：

1. 核心网

支持传统的 TIA-41 网络，由 N.S0005 和 N.S0029-0 共同定义，对于分组数据网络来说，其支持的无线 IP 网络数据标准协议为 Release B。

2. 接入网

提供接入到传统 TIA-41 网络和分组数据网的接入网使用 IP 传输信令，信令链路和承载流相分离，承载的传输由 IOS 4.1 标准来具体规定。

3. 空中接口

空中接口的演化独立于核心网的演化，基于 CDMA2000 Release 0 或 Release A。

1.3.1.3　Phase2

该阶段引入传统的 MS 域 LMSD 概念，是向 ALL-IP 网络演进的第一步，信令和传输承载独立演进，核心网与接入网独立演进，核心网可继续使用已有的承载架构，提供对传统的 TIA-41 网络已有业务的支持。

1. 核心网

核心网在 Phase2 阶段又细分为 Step-1、Step-2 和 Step-N，分别对应于 LMSD-Step 1、LMSD-Step 2 和 LMSD-Step N，每个 Step 的系统要求都有所差别。

在 Phase2 阶段，MSC 演进为 MSCe 和 MGW/MRFP 两个网络实体，新增加了一些接口，如 xx、yy、zz 和 39，原有接口在功能上有所加强，承载方式发生了改变，如 27 接口对应于

A2 和 A5 接口、48 接口对应于 A1 接口等。

核心网 Step–2 及后续阶段提供对基于分组的 TrFO 和 RTO 的支持。

2. 接入网

支持 LMSD，接入网与 LMSDS（Legacy MS Domain Support）间的接口支持独立的信令链路和承载流传输，在 Step–2 和 Step–N 阶段向 IP 传输演进。

3. 空中接口

独立于核心网演进。

1.3.1.4 Phase3

该阶段被称为 MMD（多媒体域），是向 ALL–IP 演进过程的顶点，其显著标志是空中接口的扩展 IP 传输。

1.3.2 CDMA 蜂窝移动通信系统结构

1.3.2.1 Phase0 和 Phase1 阶段

1. 概述

CDMA 蜂窝移动通信系统的结构如图 1.3–1 所示。

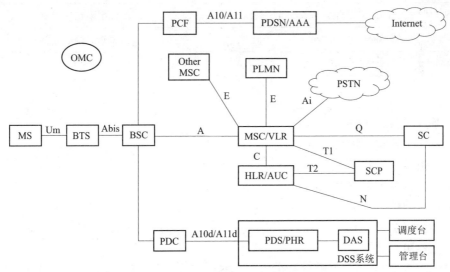

图 1.3–1 CDMA 蜂窝移动通信系统的结构

网元名称如表 1.3–1 所示。

表 1.3–1 网元名称

缩写	英文含义	中文含义
MS	Mobile Station	移动台
BTS	Base Transceiver Station	基站收发信机
BSC	Base Station Controller	基站控制器

缩写	英文含义	中文含义
MSC	Mobile Services Switching Center	移动交换中心
VLR	Visitor Location Register	拜访位置登记器
HLR	Home Location Register	归属位置登记器
AUC	Authentication Center	鉴权中心
PCF	Packet Control Function	分组控制功能
PDSN	Packet Data Serving Node	分组数据服务节点
AAA	Authentication, Authorization, Accounting Server	鉴权、授权与计账服务器
OMC	Operation and Maintenance Center	操作维护中心
DAS	Dispatching Agent Server	调度台服务器
PDC	PTT Dispatching Client	PTT 调度客户端
PDS	PTT Dispatching Server	PTT 调度服务器
PHR	PTT Home Register	PTT 归属寄存器
PLMN	Public Land Mobile Network	公共陆地移动网
PSTN	Public Switching Telephone Network	公用电话交换网
SC	Short Message Center	短消息中心
SCP	Service Control Point	业务控制点

CDMA 系统包含下列子系统：

（1）基站子系统（BSS）；

（2）交换子系统（MSS）；

（3）分组数据业务子系统（PDSS）；

（4）集群调度子系统 CoTa（DSS）；

（5）操作维护中心子系统（OMC）。

MSC/VLR、HLR/AUC、SCP、SC、BSC、BTS 一起和 PSTN、PLMN 网络实现传统电路域的语音业务和短信业务。

PDSN、AAA、PCF（内置在 BSC 中）、BSC、BTS 一起和 Internet 网络实现分组域的数据业务，也是实现其他所有的数据业务的基础。

PDS、PHR、DAS、PDC（内置在 BSC 中）、BSC、BTS 一起实现集群通信业务。

OMC 管理各个网元（如 MSC、HLR、BSC 等），并且提供标准的 Q3 网管接口，以便与上级网管中心连接。

MSC 和 VLR 一般合设，二者之间采用内部接口。HLR 和 AUC 一般合设，二者之间采用内部接口。

另外，可以在此基础上增加必要设备，提供各种增值业务，如基于位置的业务、流媒体业务等。

2. 基站子系统（BSS）

基站子系统是对服务于一个或几个蜂窝小区的无线设备及无线信道控制设备的总称，在一定的无线覆盖区中由 MSC 控制，完成信道的分配、用户的接入和寻呼、信息的传送等功能。BSS 一般包括一个或多个基站控制器（BSC）及基站收发信机（BTS）。BTS 负责无线传输，BSC 完成控制与管理。

1）基站收发信机（BTS）

基站收发信机（BTS）属于基站系统的无线部分，是由基站控制器控制，服务于某个小区的无线收发信设备，完成 BSC 与无线信道之间的转换，实现 BTS 与 MS 之间通过空中接口的无线传输及相关的控制功能，通过 Abis 接口与 BSC 进行通信。

2）基站控制站（BSC）

BSC 一端可与多个 BTS 相连，另一端与 MSC 和操作维护中心 OMC 相连，BSC 面向无线网络，主要负责完成无线网络管理、无线资源管理及无线基站的监视管理，控制移动台和 BTS 无线连接的建立、接续和拆除等管理，控制完成移动台的定位、切换和寻呼，提供语音编码、速率适配等功能，并能完成对基站子系统的操作维护功能。

3. 交换子系统（MSS）

移动交换子系统 MSS 完成 CDMA 网络的主要交换功能，同时管理用户数据和移动性所需的数据库。

1）移动交换中心（MSC）

MSC 是 CDMA 网络的核心，对位于它所覆盖区域中的移动台进行控制和完成话路接续的功能，也是 CDMA 和其他网络之间的接口。它完成通话接续、计费，BSS 和 MSC 之间的切换和辅助性的无线资源管理，移动性管理等功能。另外，为了建立至移动台的呼叫路由，每个 MSC 还完成 GMSC 的功能，即查询移动台位置信息的功能。MSC 从三种数据库，拜访位置寄存器（VLR）、归属位置寄存器（HLR）和鉴权中心（AUC）中取得处理用户呼叫请求所需的全部数据。

2）拜访位置寄存器（VLR）

VLR 是一个动态用户数据库，存储 MSC 所管辖区域中的移动台（称拜访客户）的相关用户数据，包括：用户号码、移动台的位置区信息、用户状态和用户可获得的服务等参数。VLR 从移动用户的归属位置寄存器（HLR）处获取并存储必要的数据，一旦移动用户离开该 VLR 的控制区域，则重新在另一个 VLR 登记，原 VLR 将取消该移动用户的数据记录。

3）归属位置寄存器（HLR）

HLR 是一个静态数据库，存储用于管理移动用户的数据。每个移动用户都应在其归属位置寄存器（HLR）注册登记。它主要存储两类信息：一是有关移动用户的参数，包括移动用户识别号码、访问能力、用户类别和补充业务等数据；二是有关移动用户目前所处位置的信息，以便建立至移动台的呼叫路由，例如 MSC、VLR 地址等。无论移动用户漫游到任何地方，都需要其 HLR 提供相关参数，并将最新位置写入数据库。

4）鉴权中心（AUC）

鉴权中心是一个管理与移动台相关的鉴权信息的功能实体，完成对移动用户的鉴权，存储移动用户的鉴权参数，并能根据 MSC/VLR 的请求产生、传送相应的鉴权参数。通常鉴权参数包括 A-KEY、SSD、ESN、MIN、AAV 等，通过和各种随机数的运算获得鉴权结果。

5）短消息中心（MC）

短消息中心主要负责接收、存储和转发 CDMA 网络中移动用户和固定用户之间或移动用户和移动用户之间的短消息。其作用像邮局一样，接收来自各方面的邮件，然后把它们进行分拣，再发给各个用户。通过短消息中心能够更可靠地将信息传送到目的地。短消息业务包括点对点业务及小区广播业务。

&说明：

目前 MSC 同时兼顾智能网业务交换点（SSP）的功能，在业务控制点（SCP）的控制下处理智能业务请求。

为了方便管理，通常情况下 MSC 与 VLR 合设。

另外，由于送到鉴权中心的信令都必须经过归属位置寄存器，因此为减少网络负担，一般情况下 HLR 和 AUC 合一。

4. 分组数据服务子系统（PDSS）

分组数据服务子系统由分组数据服务节点 PDSN、鉴权、授权和计费服务器 AAA、接入网鉴权、授权和计费服务器 AN–AAA、归属代理 HA 组成，是承接无线网络和分组数据网络的接入网关，为用户提供高速的分组数据业务。

1）PDSN

PDSN（Packet Data Serving Node）分组数据服务节点，是承接无线网络和分组数据网络的无线分组数据接入网关，提供 Simple IP 和 Mobile IP 接入方式，为 CDMA2000 移动台提供访问 Internet 或 Intranet 的服务。

主要功能如下：

（1）支持 A11/A10 接口，维护与 BSC/PCF 间的 R–P 会话和数据承载通道。

（2）维护和管理 R–P 会话和 PPP 会话，实现无线用户接入控制和移动性管理。

（3）承担接入网络服务器（NAS，Network Access Server）角色，负责建立或终止和 MS 之间的 PPP 会话。

（4）承担 AAA 客户端功能，配合完成用户的鉴权、授权和计费功能。

（5）提供简单 IP 服务时，PDSN 类似于网络接入服务器，为用户分配 IP 地址（也可要求 AAA 分配）。

（6）在提供移动 IP 服务时，PDSN 实现 FA（Foreign Agent）功能，为移动台提供 IP 转交地址和 IP 选路服务。

（7）支持移动数据 VPN，承担 L2TP 接入集中器（LAC）角色，为企业用户远程接入到企业内部 LNS 提供分组传输承载。

（8）支持后付费和预付费接入，对于预付费用户监控用户配额的使用情况，负责用户配额的在线更新和资源回收。

（9）支持警用数据监听功能，实时上报布控用户相关活动事件和浏览信息。

2）HA

HA（Home Agent）归属代理，是在 MS 归属网上的路由器，负责维护 MS 的当前位置信息，建立 MS 的 IP 地址和 MS 转交地址的对应关系，当移动台离开注册网络后，需要向 HA 进行登记；HA 在收到发往移动台的数据包时，将通过 HA 与 FA 之间的隧道（Tunnel）将数据包送往移动台的转交地址，再由转交地址解隧道封装后发给 MS，完成移动 IP 功能。

简单 IP 不需要 HA，移动 IP 需要 HA。

3）AAA

AAA（Authentication，Accounting，Authorization Server）鉴权、授权与计账服务器，目前采用 RADIUS 服务器方式实现。AAA 对用户的脚本文件信息进行鉴权认证，完成数据业务的授权和计费功能。同时，AAA 完成用户的数据业务开户管理功能。

ZXPDSS AAA 在支持 1X 用户和 EV–DO 用户的基础上，也支持 WLAN 用户的鉴权、授权和计费，便于 WLAN+1X 业务的统一部署和管理，同时支持分组预付费、多 ISP 接入、警用数据监听、WAP 网关代理、静态 IP 地址绑定、DNS 动态更新等特色功能。

4）AN–AAA

AN–AAA（Access Network–Authentication，Accounting，Authorization Server）接入网鉴权、授权与计账服务器。AN–AAA 作为接入网认证服务器，承担 AN–Level 级的接入认证功能，完成 EV–DO 用户终端身份合法性的校验和授权功能。

与 CDMA2000–1X 网络不同的是，在标准的 CDMA2000 EV–DO 网络中，不存在电路域核心网设备，即移动交换子系统，用户终端身份有效性的校验由 AN–AAA 实现。

为了解决双模终端不换卡接入的问题，中国联通、高通、中兴和韩国三星共同制定了基于 CAVE 算法的双模鉴权认证方案，在 AN–AAA 与 HLR 之间引入了电路域接口，并被 3GPP2 采纳为国际标准，中兴 AN–AAA 同时支持标准 HRPD 模式和 CAVE 算法双模鉴权认证模式。

ZXPDSS AN–AAA 支持与 ZXPDSS AAA 的分设/合设。

5. 集群调度子系统 GoTa（DSS）

GoTa 集群调度业务主要在调度子系统完成，集群调度子系统由调度服务器 PDS、PHR 和 DAS 组成。

1）PDS

PDS 是 PTT 调度服务器，是集群呼叫的总控制点，完成集群调度呼叫的处理，包括鉴别集群用户、建立各种集群呼叫（如私密呼叫和群组呼叫）、集群 PTT 通话权管理等。PDS 作为调度服务器，还负责报文分发，接收反向链路来的集群语音数据，根据呼叫的性质再分发到对应的前向链路。

2）PHR

PHR 是 PTT 归属寄存器，完成用户的 PTT 业务鉴权、授权、计费、位置更新和动态群组管理功能，并为集群用户提供 PTT 群组、用户的业务受理。

3）DAS

DAS 是调度台服务器，是集团用户的调度台客户端执行调度操作的门户网站，为不同集团用户提供 PTT 虚拟调度专网业务。

6. 操作维护中心子系统（OMC）

操作维护中心为运营商提供对网络的操作和维护服务、管理签约终端用户的信息、对网络进行规划，以提高系统的整体工作效率及服务质量。根据其维护功能侧重点不同，操作维护中心可分为 OMC–S 和 OMC–R。对于 OMC–S，主要用来负责移动交换子系统 MSS 侧的维护工作；对于 OMC–R，主要用来负责基站子系统 BSS 侧的维护工作。它主要具有以下功能：维护测试、障碍检测及处理、系统状态监视、系统实时控制、局数据的修改、性能管理、用户跟踪、告警、话务统计等。

7. 接口

1）空中接口

Um 接口被定义为 MS 与 BTS 之间的通信接口，是 CDMA 网络有别于 GSM 网络的关键，是网络中最重要的接口。

它实现了各种制造商的移动台与不同运营者的网络间的兼容性，从而实现了移动台的漫游。它的制定解决了蜂窝系统的频谱效率，采用了一些抗干扰技术和降低干扰的措施。很明显，Um 接口实现 MS 到 CDMA 系统固定部分的物理连接，即无线链路，同时它负责传递无线资源管理、移动性管理和接续管理等信息。

2）BSS 与 MSS 间接口（A1/A2 接口）

A1/A2 接口是 MSC 和 BSC 间的接口，其物理链路通过采用标准的 2.048 Mb/s 的 PCM 数字传输链路来实现。

A1 接口：主要承载 BSS 和 MSC 之间有关基站管理部分（BSMAP）和直接传递部分（DTAP）的信令信息，包括与呼叫处理、移动性管理、无线资源管理、鉴权和加密有关的信令消息。

A2 接口：主要承载基站侧 SDU（选择/分发单元）与 MSC 侧交换网络之间的 64/56 K PCM（脉码调制）数据。

3）BSS 与 PDSS 间接口（A10/A11 接口、A12 接口）

A10/A11 接口用于承载 PCF 和 PDSN 之间的信令和数据传输，A10 接口承载数据，A11 接口承载信令，用于维护 BSS 到 PCF 之间的 A10 连接。A12 接口是 AN 与 AN–AAA 之间的接口，用于执行 AN（接入网络）级的 MS/AT（移动台/接入终端）接入认证，并在 MS/AT 成功接入认证后获得 MNID，用于 A8/A9 与 A10/A11 接口。

4）MSS 系统内部接口

网络内部接口如图 1.3–2 所示。

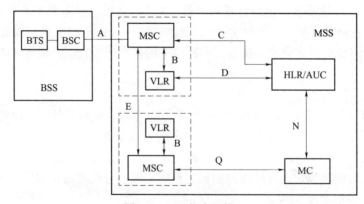

图 1.3–2　网络内部接口

（1）B 接口。B 接口定义为拜访位置寄存器（VLR）与移动交换中心（MSC）之间的内部接口，用于移动交换中心（MSC）向拜访位置寄存器（VLR）询问有关移动台（MS）当前位置信息或通知拜访位置寄存器（VLR）有关移动台（MS）的位置更新信息等。

（2）C 接口。C 接口是归属位置寄存器（HLR）与移动交换中心（MSC）之间的接口，用于传递路由选择和管理信息。一旦要建立一个至移动用户的呼叫时，关口移动交换中心（GMSC）应向被叫移动用户所属的归属位置寄存器（HLR）询问被叫移动台的漫游号码。其物理链路采用标准 2.048 Mb/s 的 PCM 数字传输线。

（3）D 接口。D 接口是归属位置寄存器（HLR）与拜访位置寄存器（VLR）之间的接口，用于交换有关移动台位置和用户管理的信息。为移动用户提供的主要服务是保证移动台在整个服务区内能建立和接收呼叫，其物理链路采用标准 2.048 Mb/s 的数字链路。

（4）E 接口。控制相邻区域的不同移动台交换中心（MSC）之间的接口。当移动台（MS）在一个呼叫进行过程中，从一个移动交换中心（MSC）控制的区域移动到相邻的另一个移动交换中心（MSC）的控制区时，为不中断通信需完成越区信道切换过程，此接口用于切换过程中交换有关切换信息，以启动和完成切换。

E 接口的物理链路是通过移动交换中心（MSC）间的标准 2.048 Mb/s 数字链路来实现的。

（5）N 接口。N 接口是用于短消息中心（MC）和归属位置寄存器（HLR）之间传递有关被叫用户的路由信息。N 接口的物理链路是标准 2.048 Mb/s 数字链路实现的。

（6）Q 接口。Q 接口是短消息中心（MC）与移动交换中心（MSC）之间的接口，用于传递短消息。

&说明：

在 CDMA 系统中，Um 口、A 口和网络侧的各接口都属于开放的接口。Abis 口则一般为内部接口。当 MSC 与 VLR 合设时，B 接口就成了内部接口。所有开放的接口都符合标准协议。

1.3.2.2　Phase2 阶段

1. 概述

LMSD 阶段，网络交换子系统（MSS）可以升级为 CDMA2000 ALL–IP 核心网。LMSD 阶段的组网如图 1.3–3 所示。

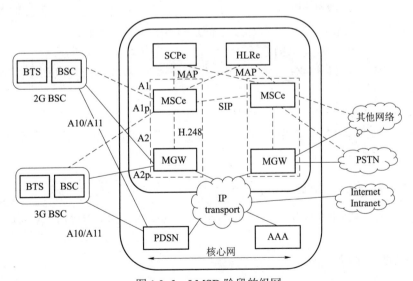

图 1.3–3　LMSD 阶段的组网

ALL–IP 网络 LMSD 阶段的整体网络架构分无线接入网部分和核心网部分，核心网与无线接入网相互独立。与传统的电路域 MSS 系统相比，LMSD 最大的变化在于呼叫控制和承载的分离，用分组网技术替换 TDM 技术。

传统的 MSC/VLR 网元演进成 MSCe 和 MGW, MSCe 提供呼叫控制和移动性管理功能, MGW 提供媒体控制功能并提供传输资源, 具有媒体流操纵功能。

传统的 HLR/AUC 网元演进为 HLRe, 传统的 SCP 网元演进为 SCPe。

LMSD 核心网提供与 TIA/EIA/IS-41 网络的互通, 提供对 GSM MAP 网络的互通, 提供对固定 PSTN 网络的互通。

2. 无线接入网 (RAN)

RAN 位于移动台及核心网之间, 完成无线信号的处理, 无线协议的终结, 起到连接移动台及核心网的作用。RAN 由两部分组成: 基站控制器 BSC/PCF (一般合称 BSC) 及基站收发信机 BTS。在 CDMA2000 无线接入网络 RAN 中, BSC 属于基站系统 BSS 的控制部分, 主要完成呼叫处理、业务选择、资源分配、后台监管、BTS (基站收发信机) 接入等功能。

3. 核心网

核心网提供移动性管理、网络侧鉴权、公网接口等功能。核心网分为电路交换 (CS) 域和分组数据交换 (PS) 域。CS 核心网主要包括 MSCe、MGW、MRFP、SGW、SCPe 和 HLRe 等网元设备; PS 核心网主要包括 PDSN (分组数据服务节点) 和 AAA 等网元设备。CS 核心网支持以 IP 和 TDM 两种传输技术完成对 ZXC10 BSSB (基于 ALL-IP) 基站系统的接入; 支持以 TDM 传输技术完成对 ZXC10-BSS (基于 Hirs) 基站系统的接入。CS 核心网可提供与 TIA/EIA/IS-41 网络的互通, 也可提供对 GSM MAP 网络的互通, 同时也提供对固定 PSTN 网络的互通。

LMSD 阶段, MSC/VLR 网元演进为 MSCe 和 MGW, HLR/AUC 网元演进为 HLRe。

(1) ZXC10-MSCe 移动交换中心仿真。

ZXC10-MSCe 提供呼叫控制和移动性管理功能。ZXC10-MSCe 通过网关控制协议 H.248 控制 ZXC10-MGW, ZXC10-MSCe 之间通过 SIP-I 协议互联。

(2) ZXC10-MGW (内置 MRFP) 媒体网关 (内置媒体功能资源处理)。

ZXC10-MGW 提供媒体控制功能, 并提供传输资源, 具有媒体流操纵功能。ZXC10-MGW 之间通过 IP 连接。

(3) ZXC10-HLRe 归属位置寄存器仿真。

HLRe 提供 IP 信令接口, 实现 2G HLR 类似的功能, 管理用户的语音业务和数据业务特征以及用户的位置和可接入性信息。

4. 接口

该阶段包括如下接口 (图 1.3-4):

空中接口、BSS 与 MSS 间接口 (A1/A2 接口)、BSS 与 PDSS 间接口 (A10/A11 以及 A12 接口) 等。

CS 核心网新增接口如下:

1) 39/xx 接口

39 接口: MGW 与 MSCe 的接口。

xx 接口: MRFP 与 MSCe 的接口, 提供 IP 信令, 为 MSCe 控制 MRFP 播放语音或者在承载上插入通知音。

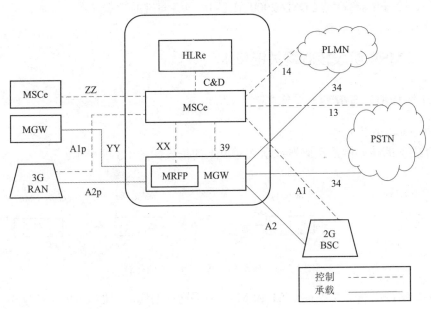

图 1.3–4 LMSD 阶段的接口

2）yy 接口

MGW 和其他 MGW 之间的接口，采用 IP 承载的方式（承载流）。

3）zz 接口

MSCe 与 MSCe 之间的信令接口，支持 SIP–T 协议和 MAP 协议。

4）A1p 接口

A1p 接口：3GBSC 与 MSCe 之间的接口，采用 IP 方式传输 BSSAP 信令。

5）A2p 接口

A2p 接口：3GBSC 与 MGW 之间的接口，采用 IP 方式传输语音。

6）其他接口

13 接口：MSCe 与 PSTN 之间的信令接口，采用 SS7 的 ISUP 信令。

14 接口：MSCe 和 TIA/EIA–41 网络的信令接口，采用 ANSI/TIA/EIA–41 信令。

34 接口：MGW 与 PSTN 之间的接口（媒体流）。

1.3.2.3 Phase3

从 3GPP2 标准来看，LMSD 将演进到 MMD（多媒体域），此时 LMSD 会消失，AGW（FA）和 HA 网元为多媒体域业务提供 IP 承载路径。多媒体域网络是个纯粹的 SIP 软交换网络。HLR 和 AAA 也演变成统一的 HSS，多媒体呼叫涉及的网元设备主要为 CSCF。

因此，在网络构架上，MMD 与软交换是一致的，将网络划分为业务层、控制层、承载层和接入层。在这种分层结构中，业务提供分离出来，由各种应用服务器和认证服务器来提供业务生成、业务计费等，在业务层均对外提供标准的接口，便于第三方提供业务。

CDMA2000 Phase2 将朝着网络结构和传输控制方式趋向全 IP 化、业务趋向多样化、业务实现方式多样化和 NGN 融合的方向发展。

从 Phase2 到 Phase3，是 CDMA2000 ALL–IP 网络演进的顶点，在该阶段，从空中接口、接入网到核心网均为 IP 承载。

1.3.3　LMSD 阶段核心网关键技术

1.3.3.1　TrFO 与 RTO 操作

1. 传统 Tandem 操作

LMSD 之前的核心网，声码器在承载通道上的位置如图 1.3–5 所示。

图 1.3–5　声码器在承载通道上的位置

图 1.3–5 中，虽然 2 个终端 MS1 和 MS2 采用同样的编解码器 EVRC，但是在承载通路上，仍然设置了 2 个声码器，将 EVRC 转换为 G.711 以及将 G.711 转换为 EVRC，经过 2 次转换才实现 MS 之间媒体流的互通，这就是传统的 Tandem 操作。

2. TrFO 操作

TrFO（Transcoder Free Operation），免码型转换操作，是传统移动台之间在分组网的承载通道上通过免去编解码器传送压缩语音，如图 1.3–6 所示。

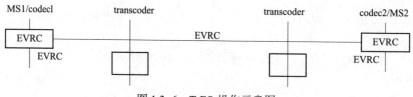

图 1.3–6　TrFO 操作示意图

图 1.3–6 中，MS1 或 MS2 的 EVRC 压缩语音未经变换，直接在承载通道上传送。显然，TrFO 提高了带宽利用率，减少了环路延时，同时也提高了语音质量。

3. RTO 操作

RTO（Remote Transcoder Operation）远端码型转换操作，是核心网中在远端呼叫侧配置码型转换器的机制。

RTO 操作分以下 2 种情况：

（1）MS–MS 的 RTO。

当 2 个 MS 的编解码格式不兼容时，在承载通道上可以只需要一个码型转换器，只进行一次码型转换，如图 1.3–7 所示。与 Tandem 结构相比，RTO 减少了一次码型转换，从而改善了通话效果。

（2）MS–PSTN 的 RTO。

此时，只需要设置 1 个声码器，进行压缩语音和 PCM 之间的转换，如图 1.3–8 所示。

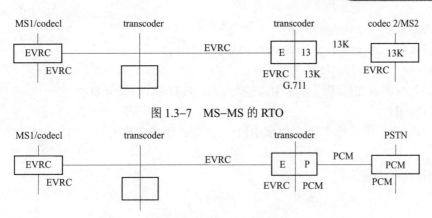

图 1.3-7　MS-MS 的 RTO

图 1.3-8　MS-PSTN 的 RTO

　　TrFO 和 RTO 操作的实现,需要通过带外信令进行协商,涉及 RNC 与 MSCe 之间的 BSAP 信令、MSCe 与 MSCe 之间的 SIP-T 信令、MSCe 与 MGW 之间的 H.248 信令。

　　TrFO、RTO 的建立可以分为编解码协商、网络侧承载建立、RAN 指配三个阶段。

1.3.3.2　IP 承载

　　IP 承载主要通过 A2p 和 yy 接口进行承载。A2p 和 yy 接口传输的是分组语音,其物理层是以太网接口,传输层采用无连接的用户数据报协议 UDP,以实现快速传送。用户数据 User Traffic 交由实时传输协议 RTP,保证媒体流的实时性、连续性、顺序性,并对传输质量进行监测。

　　(1)在数据发送方,上层 User Traffic 的语音编码数据封装上 RTP 报头后,直接通过 UDP 发送出去,没有缓存、重发等机制。

　　(2)在数据接收方,RTP 将从 UDP 端口接收到的数据进行排序及抖动处理,提交给上层 User Traffic 进行解码。

1.4　CDMA 号码介绍

知识导读

　　掌握 CDMA 业务中使用到的号码。

1.4.1　移动用户号码(MDN)

　　MDN 号码为个人用户号码,也就是我们通常所理解的"手机号码"。MDN 采取 E.164 (ISDN/电话编号计划)编码方式,其结构如下:

| CC | + | MAC | + | SN |

1. CC

国家码,中国为 86。

2. MAC

移动接入码，如 13×，中国联通为 133。

3. SN

用户序列号码。在中国，目前 SN 的格式为：$H_0H_1H_2H_3$+ABCD。

1）$H_0H_1H_2H_3$

HLR 识别码，用于标识用户归属 HLR。其编码由运营商分配，可与 HLR 的片区规划关联。

2）ABCD

用于标识该 HLR 下的不同用户，自由分配。

1.4.2　国际移动用户识别码（IMSI）和移动台识别码（MIN）

CDMA 规范由美国标准组织 ANSI 制定，在 IS95A、IS95B 阶段，采用 MIN（Mobile Identification Number）来标识用户。后来随着 CDMA 在全球的应用，国际漫游的问题显得很突出，于是对 MIN 进行了扩展，变成了 IMSI（International Mobile Subscriber Identification）。

IMSI 在位置更新、鉴权等业务中起到重要的作用。IMSI 号码采取 E.212（陆地移动编号计划）编码方式，其结构如下：

MCC：移动国家码，中国为 460。

MNC：移动网络码，如 0×，联通 CDMA 系统使用 03。

MIN：移动用户识别码，是 10 位十进制数字。

可以看出 IMSI 在 MIN 号码前加了 MCC，可以区别出每个用户来自的国家，因此可以实现国际漫游。在同一个国家内，如果有多个移动网络运营商，可以通过 MNC 来进行区别。

1.4.3　临时本地用户号码（TLDN）

临时本地号码 TLDN（Temporary Local Directory Number）是 CDMA 中另一个常见的号码。

TLDN 具体结构由运营商规定，TLDN 号码的格式和 MDN 基本一致。对于特定 MSC 下的所有 TLDN，其前缀应统一。可自由分配的数字的个数视 MSC 容量而定，容量越大，需要自由分配的数字越多。

TLDN 的推荐格式：

其中，$M_0M_1M_2$ 用于标识 MSC/VLR；ABC 是自由分配的号码，用于临时标识被叫用户。

TLDN 一般用于以下两种情况：

（1）CDMA 网内局间呼叫，即主被叫均为 CDMA 用户，且主被叫位于不同 MSC/VLR 下。主叫发起呼叫请求后，主叫所在 MSC 根据被叫用户的 MDN 号码到其归属的 HLR 查询被叫所在的 MSC，被叫所在的 MSC 将为用户分配一个 TLDN 号码，返回给主叫所在 MSC。后续的业务处理，以 TLDN 作为索引，主叫所在 MSC 根据 TLDN 可以判断出应该到哪个 MSC 去接续话路。被叫所在的 MSC 长时间等不到与 TLDN 匹配的消息，将释放 TLDN。

（2）外网用户通过关口局呼叫 CDMA 用户。当 CDMA 用户被外网用户（如固网用户、G 网用户等）呼叫时，GMSC 根据被叫用户的 MDN 号码到其归属的 HLR 查询被叫所在的 MSC，该 MSC 将为用户分配一个 TLDN 号码，返回给 GMSC。后续的业务处理，以 TLDN 作为索引。GMSC 根据 TLDN 可以判断出应该到哪个 MSC 去接续话路。当被叫所在 MSC 长时间等不到与 TLDN 匹配的消息时，将释放 TLDN。

以上两种情况中，当接续完成后，TLDN 号码即被释放。

1.4.4 ESN、UIMID、A-KEY、SSD

电子序列号 ESN（Electronic Serial Number）用于唯一地标识一台手机终端。ESN 由手机生产厂商写入手机，每个手机分配一个唯一的电子序号。ESN 包含 32 bit，由厂家编号和设备序号构成。ESN 在鉴权流程中起到重要作用。

A-KEY 是发布给 CDMA 终端的一个鉴权密钥。A-Key 需要被烧制在手机中（如果机卡分离，则存储在 UIM 卡中），并存储在 AUC 中。

根据 A-Key，用授权的 CAVE 算法算出的 128 bit 的子钥（Sub-Keys），称为共享加密数据（SSD）。SSD 保存在手机（如果机卡分离，则存储在 UIM 卡中）和 AUC 中，在 SSD 共享时也保存在 VLR 中。SSD 分为两部分：高 64 bit 为 SSD-A，用于鉴权；低 64 bit 为 SSD-B，用于语音消息加密。SSD 和 A-Key 一样，并不通过空中接口在 MS 和网络之间传送。

1.4.4.1 机卡合一

目前，CDMA 终端在一些地区仍采用机卡合一的方式，即信息存储在 CDMA 终端的存储区中。存储的信息有：IMSI（MIN）、ESN、鉴权密钥 A-KEY 和共享加密数据 SSD 等。

1.4.4.2 机卡分离和 UIM 卡

机卡分离技术，就是把终端存储区的信息转移到一张 UIM（User Identification Module）卡中。UIM 卡的功能类似于 GSM 手机中使用的 SIM 卡，可进行用户的身份识别及通信加密，还可以存储电话簿、短信息等用户个人信息。

UIM 卡中包含的主要参数有 IMSI（MIN）、UIMID、鉴权参数 A-KEY 和共享加密数据 SSD 等。

UIMID 用于唯一地标识一张 UIM 卡，并替代 ESN 在业务实现过程中的作用。

1.4.4.3 网络参数的交互

IMSI、ESN、MDN 等号码存储在不同的网络实体中。

首先，用户开户意味着用户选择了一个 MDN 号码，并且得到了一张 UIM 卡。开户过程建立了 IMSI 和 MDN 的对应关系，这个对应关系存储在 HLR 中。网络参数的基本交互过程如图 1.4-1 所示。

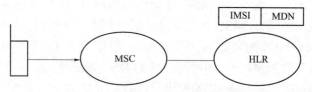

图 1.4-1　网络参数的基本交互过程

（1）手机在开机或者拨打电话时，会把本机的 IMSI 和 ESN 上报给该手机当前所在的 MSC/VLR。MSC/VLR 以 IMSI 为索引检索数据库，若发现没有相关记录，则 MSC/VLR 发送登记请求到用户开户信息所在的 HLR 去获取相关信息。

（2）HLR 以 IMSI 为索引进行数据查询，并且把查到的 MDN、用户签约信息等下发给用户当前所在的 MSC/VLR。

（3）MSC/VLR 获得 MDN 和签约信息后，就可以进行相关的业务处理。MDN 可以作为主叫号码显示给被叫用户，也可以填写在话单中。

1.4.5　系统识别码（SID）和网络识别码（NID）

1.4.5.1　SID 和 NID 的概念

在 CDMA 网中由一对识别码（SID、NID）共同标识一个移动业务本地网。系统识别码 SID 用于区分系统，网络识别码 NID 用于区分网络。一个网络是完全包含在某一个系统中的，是系统的一个子集，SID 和 NID 由运营商分配。

移动台在 UIM 卡内部保存 SID 和 NID 的列表，是它曾经登记过的区域的标识。

当移动台在一个区域（SID、NID）登记时，它会将该区域的标识（SID、NID）加入到列表中，并且启动它前一次登记的区域所对应的（SID、NID）的计时器。

如果移动台返回到某一个基站的覆盖区域内，该基站属于列表中的某一个（SID、NID），那么移动台不再重新登记。如果某一个（SID、NID）所对应的计时器超时溢出，则移动台将其从列表中删除。如果移动台处于一个基站的覆盖范围内，则该基站所属的（SID、NID）对应的计时器超时，移动台将重新登记，并且将该（SID、NID）重新加入列表中。

NID 有两个保留值，一个是 0，这是为公众蜂窝网所预留的；另外一个是 65535，移动台利用它来进行漫游状态判决，如果移动台的 NID 设为 65535，则这时移动台只进行 SID 比较，不进行 NID 的比较。只要在同一 SID 内，就认为是本地用户，不被看作漫游。

1.4.5.2　SID 和 NID 跟漫游的关系

移动台可以处于下面三种漫游状态的任何一种中：本地（不漫游）、NID 漫游和 SID 漫游。

在移动台中保存了一个本地区域的（SID、NID）列表。如果从系统参数消息中接收到的（SID、NID）与移动台存储的本地识别码（SID、NID）相匹配，则认为该移动台不处于漫游状态。

如果移动台正在漫游并且为其服务的基站（SID、NID）中的 SID 与移动台本地识别码表中的 SID 相等，则这个移动台被认为是 NID 漫游。

如果移动台本地识别码表中的 SID 都不等于服务系统的 SID，就被认为是 SID 漫游。

如果移动台使用特定的 NID（65535），则表明移动台认为在一个 SID 里的全部 NID 中都是非漫游的。

例如，如果移动台的本地（SID、NID）列表包括：{（1，0），（1，2），（2，1），（3，2），（4，65535）}，则移动台认为系统 1 中的公共蜂窝网络、系统 1 中的网络 2、系统 2 中的网络 1 和系统 3 中的网络 2 都是本地网。同时对于任何符合（4，x）的（SID、NID）均会被移动台视为本地网。如果移动台处在某个基站的覆盖区域内，该基站所属的（SID、NID）与上面的（SID、NID）相符，那么移动台不处于漫游状态。如果移动台移动到某个基站的覆盖范围内，该基站处于系统 1 中的网络 3 中，那么它就处于 NID 漫游。如果移动台移动到的区域属于系统 5，那么它就是 SID 漫游。

1.4.6 MSCID

MSCID 是在呼叫、漫游等移动业务中用来识别 MSC 的号码，编码规则为：SID+SwNo。其中，SwNo（Switch Number）是序列号码，在每个 SID 区内按顺序分配。在呼叫过程中，HLR 判断主、被叫移动台是否位于同一个 MSC/VLR 下的依据就是看主、被叫移动台各自所在的 MSC/VLR 的 MSCID 是否相同。

1.4.7 HLR 号码（HLRIN）

GT 寻址过程中，唯一标识 HLR 的号码，是网络定位 HLR 的依据。

HLRIN 采取 E.212（陆地移动编号计划）编码方式，格式类似于 IMSI 号码。

1.4.8 MSC 号码（MSCIN）

GT 寻址过程中，唯一标识 MSC 的号码，是网络定位 MSC 的依据。

MSCIN 采取 E.212（陆地移动编号计划）编码方式，格式类似于 IMSI 号码。

 本章小结

章节向大家介绍了移动通信的发展及演进网络，详细说明了 CDMA2000 的关键技术，着重介绍了 CDMA2000 中所用的号码及其分析，特别是在路由选择中所用的号码。

思考题

1. CDMA 的技术特点有哪些？
2. CDMA 的关键技术有哪些？
3. CDMA2000 的网络演进中第二代网络特点是什么？
4. 两个固定号码组成是什么？

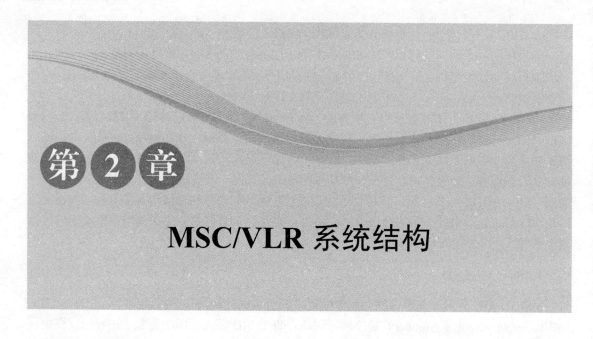

第2章

MSC/VLR 系统结构

ZXC10–MSC/VLR/SSP（V3.0）采用部分分离式结构，有利于大容量移动网的控制和管理；同时提供无线智能网（WIN）中业务交换点（SSP）接口，可为电信运营部门提供灵活、经济的弹性网络优化方案。系统组网方式灵活，只要通过简单的硬件扩容和软件升级就可实现 CDMA2000–1X 全部业务，可以平滑过渡到第三代移动通信系统。

2.1　概　　述

🔄 **知识导读**

掌握 ZXC10–MSC/VLR 系统业务功能及特点。

ZXC10–MSC/VLR 在中兴公司大型数字程控交换机 ZXJ10（V10.0）的平台上完成，主要由 CSM（SNM+MSM）模块、MPM 模块组成。其中 CSM 模块用于多模块成局时控制模块间的通信及消息交互，可以根据实际需要决定是否配置（详细内容请看组网方式一章）；MPM 根据需要可配置为 1～10 个模块，完成 MSC/VLR 功能；模块间通信通过光纤传输；相关功能模块经过七号信令网与 BSC、PSTN、ISDN、PSPDN、PLMN 互通。

ZXC10–MSC/VLR 系统可以保持系统硬件平台不变，软件系统升级，通过嵌入式方式，实现无线智能网（WIN）中的业务交换点（SSP）的功能。ZXC10–MSC/VLR/SSP 的操作维护系统，主要由操作维护服务器 OMM Server、计费服务器及操作维护台组成，其中操作维护台既可以近端设置也可以远端设置；OMM Server 用来管理相关信息，采用 Q3 标准，经过 X.25 与网管中心进行信息交换；计费服务器采用双机保护机制，以 FTAM 协议或转换为其他兼容方式向计费中心传送话单。

2.1.1　系统业务功能

系统可以提供的正常业务功能如下。

电信业务：电话业务、紧急呼叫业务、传真。

数据承载业务：全速率异步电路数据业务，包括 9.6 kb/s，4.8 kb/s，2.4 kb/s，1.2 kb/s，600 b/s 和 300 b/s 数据业务。

补充业务：呼叫前转、呼叫等待、呼叫转移、号码识别、会议电话、免打扰业务、用户 PIN 接入、用户 PIN 拦截、选择呼叫接受、口令呼叫接受等，短消息业务及其扩展业务；智能网业务：智能预付费业务、虚拟专用网业务、被叫集中付费业务。

如果按 MSC/VLR 的功能划分来了解它们的具体业务，那么我们将它们各自的业务用如表 2.1-1 所示的方式归纳出来。

表 2.1-1　MSC/VLR 功能

类型	业务概括	具体业务类型	备　注
移动交换中心（MSC）	提供固定网中交换设备的一般功能		
	呼叫处理功能	呼叫连接功能	
		号码存储和译码能力	
		路由选择功能	
		回声抑制功能	
		过负荷控制功能	依据 CPU、话务量、资源等占用情况分级实现
		释放控制方式	采用互不释放控制方式
		时间监视和通话强迫释放功能	
	移动性管理功能	切换功能	局内切换、局间切换、向模拟系统的切换
		登记功能	
		移动台去活功能	
	安全保密功能	鉴权功能	
		用户信息加密功能	信令、语音、数据的加密
	短消息功能		短消息的投递，短消息的发送
	无线资源管理功能		
	电路管理功能		与 BSS 的地面电路管理，与其他 MSC 之间切换中继线管理
	智能交换功能		兼做 SSP

续表

类型	业务概括	具体业务类型	备　注
移动交换中心（MSC）	其他功能	DTMF 转换功能	
		分时隙寻呼功能	
		排队功能	
		空中激活功能	
拜访位置寄存器（VLR）	用户数据存储功能		
	用户数据检索功能		呼叫时，接受 MSC 检索
	位置登记功能		
	鉴权功能		
	用户数据管理功能		依据设置删除用户信息
	TLDN 分配功能		
	VLR 自动恢复功能		VLR 重启，更新数据库

2.1.2　系统特点

ZXC10–MSC/VLR/SSP（V3.0）系统基于 IS–95 的 CDMA 蜂窝系统，兼容 CDMA2000–1X 系统，吸收国内外各类移动交换系统的优点，工艺上采用模块化设计，单板、插箱可根据需要任意增减，操作方便、连接可靠、配置灵活，满足通用性需求和方便生产。硬件设计上采用国际先进的超大规模集成电路，大容量的交换网板，单平面最大达 64 K×64 K 交换能力，软件开发严格按照软件工程的设计要求，采用自顶向下、层次化、模块化的设计思想，使软件易维护、易扩展。

（1）大容量、模块化设计、灵活的组网方式。

提供系列产品，即可将 MSC、VLR、HLR、AUC、SC、VM、SSP、TMSC2 和 LSTP 集成在一起，也可将某些产品独立出来，对外提供基于 No.7 的 MAP 协议接口，可以在网络中作为单独的产品与其他厂商的设备对接，完全符合 ANSI–41E 的规范。系统采用多级多模块化的设计方案，可根据需求进行灵活的容量配置、平滑扩容，提供最佳性价比的解决方案。

（2）强大的业务功能。

上一节我们已经描述过系统所能提供的业务，不但能够完成基本的呼叫和移动性、安全性的管理，而且还能实现短消息、智能业务和数据业务。在软件的设计思想上追求层次化、阶段化，为向第三代移动通信的发展奠定了坚实的基础。

（3）完善的操作维护系统。

采用中文 Windows NT 操作系统，友好的人机界面，方便维护人员的操作；采用 Client/Server 结构方式，方便系统的管理；提供多种接入系统方式，既可以本地操作维护，也可以通过网络系统进行远程操作维护；安全性好，采用多级权限保护。

具有多样化的维护功能模块，准确、可靠、实用、方便地提供多种操作维护手段，全方位地对系统实现不同的维护。

（4）高度的可靠性。

主处理机、交换平面等关键部件均采用主备用、热备份工作方式，具有故障时自动倒换功能，保证系统不间断运行，采用安全保护措施，分级权限控制。软件平台采用 Windows NT 操作系统，同时结合 MS SQL Server 强大的商用数据库管理功能，多种方式的配置数据备份，保证数据的安全可靠。

（5）良好的兼容性。

严格遵循 CDMA 技术规范及信息产业部相关标准，提供开放的 A 接口，提供 PLMN、PSTN、ISDN、PSPDN 等网络连接的标准接口，能够与符合该标准的产品成功对接。

2.2　系统结构

知识导读

掌握 ZXC10–MSC/VLR 的系统结构。

ZXC10–MSC/VLR（V3.0）采用的是将 MSC 处理模块与 VLR 处理模块合设，且具有无线智能网（WIN）中业务交换点（SSP）的功能。该产品模块合在一起具有 MSC/VLR/处理功能。虽然，该模块也称为 MPM，但其含义指 MSC/VLP/SSP 处理模块，这一点要声明。

ZXC10–MSC/VLR（V3.0）采用模块式体系结构，如图 2.2–1 所示，交换系统由 MPM 基本处理模块组成，通过交换网络模块 SNM 和消息交换模块 MSM 连接在一起，形成交换与信令两个网络平面。

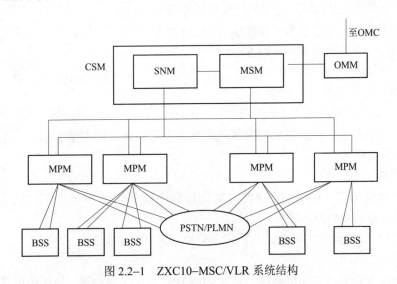

图 2.2–1　ZXC10–MSC/VLR 系统结构

各模块主要功能如下：

（1）OMM（操作维护模块）提供操作维护管理功能，包括计费、数据维护、软件版本升级等，同时提供至 OMC 和计费中心的接口。

（2）CSM（中心交换模块）包括交换网络模块（SNM）、消息交换模块（MSM）；提供模块间的接续连接、外围模块间及其与 OMM 间的内部消息通道功能。网络交换能力达 64 K×64 K，MSM 至每一外围模块最多有 32 TS（约 2 Mb/s）的消息交换通道。

（3）MPM（MSC/VLR 处理模块）实现 MSC/VLR 的有关功能。提供至 BS、PSTN、PLMN 的语音中继及信令接口，提供漫游至本地的移动用户信息的存储和管理；通过七号信令网与其他网络实体如 HLR 进行通信。根据系统容量要求，可使用一个或多个 MPM，外接相对数量的 BSC；HLR、OMM 与 MPM 间没有话路交换，仅有消息及信令交互，通过统一的信令控制交互平台实现消息通信，可方便地实现上述各部件的分离或集中。若采用集中设置，MPM 与本地 HLR 间的通信不再通过七号信令网，而通过统一的内部消息交换机制实现消息的互通。MPM 的交换网为单 T 无阻塞时分交换网，容量最大为 16 K 时隙。单个 MPM 约可支持 6 万移动用户，VLR 数据库满足 8 万用户的需要。MSC/VLR 容量的扩充可通过简单的模块叠加来实现。在图 2.2–1 所示的结构中，CSM 下可挂接最多 10 个 MPM 模块，满足 60 万用户的需求。

2.2.1　MSC/VLR 硬件结构

MSC/VLR 的系统硬件结构如图 2.2–2 所示，不论单模块还是多模块组网，其基本模块都是 MPM 模块，通过 CSM 将 MPM 连接，就实现了扩容，并由 OMM 模块对系统进行统一的管理。下面我们分别介绍一下 MPM、CSM 和 OMM 模块。

2.2.1.1　MPM 模块

MPM 完成本模块内部用户之间的话路接续和信令的处理，将本交换模块内部的用户和其他 MSC 处理模块的用户之间的信令消息和话路接到 SNM 中心交换网络模块上，同时完成 VLR 和 SSP 的功能。

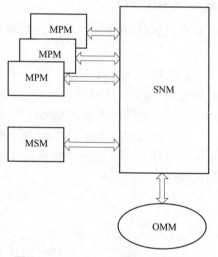

图 2.2–2　MSC/VLR 的系统硬件结构

1. 原理图

MPM 硬件原理方框图如图 2.2–3 所示。

基本模块采用多处理机分级控制方式，由数字中继单元、模拟信令单元、主控单元、交换单元等基本单元组成。

2. 数字中继单元

（1）数字中继 DTI：同 ZXJ10 DT；每块数字中继板可提供 4 个 E1 接口，通过一条 8 Mb/s HW 线连接到交换网。

（2）ECDT：完成数字中继单元与回声消除单元两部分的功能。

3. 模拟信令单元

模拟信令板 ASIG：ASIG 板通过一条 8 Mb/s HW 与交换网相连，每块板取其中的 2 个时隙作与 MP 的通信时隙。ASIG 板可灵活地配置成 DTMF 收发器、MFC 收发器及语音板。

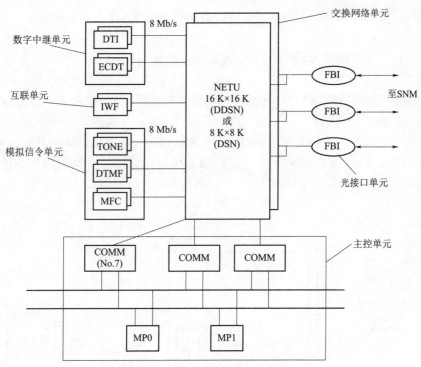

图 2.2–3　MPM 硬件原理方框图

4. 主控单元

由一对主备用模块处理机（MP）、一块共享内存板（SMEM）、十二块通信板（COMM）、一块环境监测板（PEPD）和一块监控板（MONI）组成。

（1）主备 MP 各通过一条 16 bit 并行总线与 COMM 通信。

（2）COMM 主要完成通信链路层的功能，以分担 MP 的负荷。单块 COMM 板能处理 32 个 64 kb/s HDLC 信道，板上带 8 K 字节双端口 RAM，可作为模块内及模块间处理机通信板，也可作为七号信令 V5.2 通信信道处理。

（3）MON 上带多个 RS485 串行接口，用于电源、同步单元、光接口等的监控。

（4）两个主备用 MP 间利用基于 AT 总线的共享内存板备用通道，共享 RAM 容量为 2 M 字节，主备机均能读取，主机和备机间通过双口 RAM 交换信息。

5. 交换单元

交换网为单 T 无阻塞时分交换网，容量为 8 K 或 16 K 交换时隙。PCM 总线速度为 8 Mb/s。交换网主备用配置，支持 $n×64$ kb/s（$n=1～128$）的交换能力。交换网的接续控制由 MP 经 COMM 板通过 256 kb/s 串行总线进行控制。接续消息由 MP 发至 COMM 板，COMM 板将之转发至主备用交换网，以保证主备用交换网的接续完全相同。

2.2.1.2　CSM 模块

中心交换模块包括交换网络模块（SNM）和消息交换模块（MSM）两部分。

1. 交换网络模块（SNM）

交换网络模块（SNM）是多模块局系统的核心模块，主要完成多模块系统中各个模块之间的话路交换，其中的通信时隙经半固定连接后送至 MSM。中心交换网络模（SNM）分为以下几个单元：

（1）中心数字交换网单元，利用 32 K/64 K 单 T 结构的数字时分交换网来实现 32 K/64 K 中心交换网。

（2）主控单元，其结构与 MPM 中的主控单元结构相同，主要是控制中心交换网的接续，以及对 DT 的监控。

（3）进行多模局时，中心交换模块侧还配备光接口单元，光接口单元用来与 MPM 中的光接口单元对接，其作用是用来下带一些外围模块单元。中心交换网络模块硬件原理如图 2.2–4 所示。

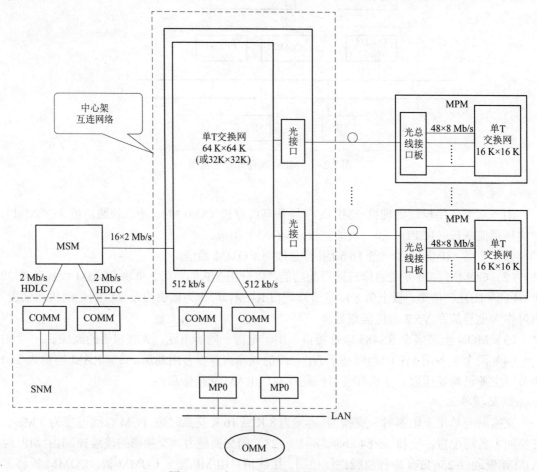

图 2.2–4　中心、交换网络模块硬件原理

2. 消息交换模块（MSM）

消息交换模块 MSM 的 MP 根据路由信息完成各模块之间的消息交换。MSM 硬件原理方框图如图 2.2–5 所示。

MSM 与 MPM 中的主控单元结构相同，由一对主备 MP 和若干 COMM 子单元组成。当系统一对 MP 的处理能力不够时，可以通过以太网进行扩充，提高数据交换能力。

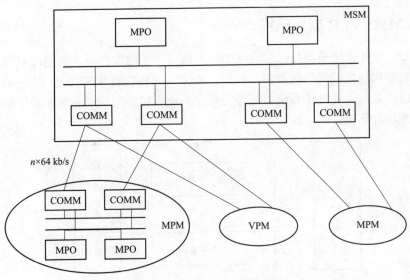

图 2.2–5 MSM 硬件原理方框图

2.2.1.3 OMM 模块

操作维护模块 OMM 用于对 CDMA 系统的交换实体进行管理，包括系统分析、系统维护与信令维护三大部分，主要包括计费管理、安全管理、性能测量、业务观察、故障管理、配置管理、业务观察、信令跟踪、版本管理、时钟管理等功能。OMM 系统按照功能划分成几大模块，各大模块又分为前台和后台两个子模块，强调各模块的独立性以及模块间接口的通用性，以适应系统结构的变化及功能的增加。

操作维护部件采用客户/服务器结构方式，其原理图如图 2.2–6 所示。客户/服务器方式能够在数据完整性、管理和安全性方面提供严格的控制，并且对数据采用集中存储，能让管理员集中备份数据和定期维护。本地采用局域网方式工作，通过路由器接入广域网，实现远程访问。

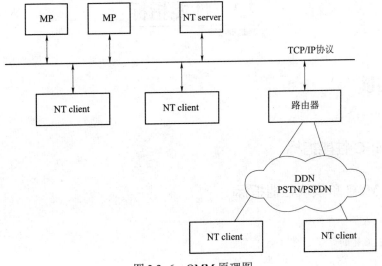

图 2.2–6 OMM 原理图

2.2.2 MSC/VLR 软件结构

MSC/VLR 软件采用模块化、层次化的体系结构。不同软件层之间通过层间原语进行调用，同层各软件模块之间采用内部消息接口。ZXC10–MSC/VLR（V3.0）软件系统主要由运行支撑子系统、数据库管理子系统、信令处理子系统、移动用户子系统和操作维护子系统构成。软件系统层次结构如图 2.2–7 所示。

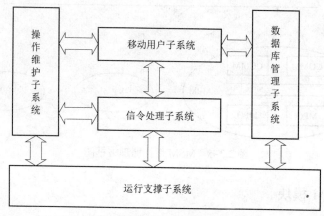

图 2.2–7 软件系统层次结构

运行支撑子系统为上层应用程序提供了一个独立于硬件的虚拟机环境，提供内存管理、进程调度、进程通信、定时器管理、文件管理等功能；信令处理子系统处理网络中的七号共路信令；移动用户子系统主要用来完成信息交互，实现 MAP 中的各种业务，包括从数据库查询获得用户的有关信息，并将用户的最新数据通知数据库进行更新。数据库管理子系统对交换局配置数据及对用户数据信息进行存储和管理，为移动用户子系统提供高效而可靠的数据服务。操作维护子系统为设备运营商提供计费、性能测量、话务统计、配置管理、安全管理、故障管理、版本升级等操作维护管理的功能。

2.3 性能指标

知识导读

掌握性能指标。

2.3.1 MSC 性能指标

2.3.1.1 MSC 单模块性能指标

用户数量：6 万。

中继数量：6 k 时隙。

话务量：2 100 Erl[①]。

BHCA：500 k。

七号链路数：64 条。

2.3.1.2　MSC 多模块性能指标

用户数量：60 万。

中继数量：60 k 时隙。

话务量：＞21 000 Erl。

BHCA：近似线性增长。

七号链路数：64 条。

2.3.2　VLR 性能指标

系统容量：单模块 6 万用户，多模块 60 万用户。

参考负荷：0.02Erl/单用户忙时。

呼叫处理：1.5Erl 处理/用户/忙时。

移动性管理：8.5Erl 处理/用户/忙时。

消息丢失概率：$P \leqslant 10^{-7}$。

信息检索时延：≤1 000 ms（95%概率）。

登记时延：≤2 000 ms（95%概率）。

其他性能指标均与 MSC 相同。

本章小结

本章节向大家介绍了 MSC/VLR（V3.0）系统完成的主要功能、特点和系统结构，从硬件和软件上分别介绍了模块化的设计思想。其中 MPM 是构成系统的基本模块，我们在后续章节的学习过程中将向大家详细介绍其相关内容。

思 考 题

1. MSC/VLR 的特点是什么？

2. MSC/VLR 是如何体现其模块化设计的？

3. MSC/VLR 的各模块完成什么样的功能？

4. MSC/VLR 基本性能指标是什么？

---

① 爱尔兰，话务量单位。

第 3 章

单元与单板

3.1　MPM 基本构成

知识导读

掌握 MPM 的基本构成。

在上一章节中，我们已经介绍了 MSC/VLR 的系统结构，从宏观上介绍了系统应该涉及的模块和功能，知道了 MPM 是 ZXC10–MSC/VLR（3.0）中基本的独立模块，不论单模块还是多模块组网，MPM 模块必不可少，可完成本模块内部用户之间的话路接续和信令的处理，也可以将本交换模块内部的用户和其他 MSC 处理模块的用户之间的信令消息和话路接到 SNM 中心交换网络模块上。本节我们重点从 MPM 的内部结构着手，介绍一下 MPM 模块的逻辑结构和物理结构，首先学习 MPM 原理图（见图 3.1–1）来了解 MPM 的结构。

MPM 基本单元分成这几类：

（1）数字中继单元；

（2）模拟信令单元；

（3）主控单元；

（4）数字交换网单元；

（5）时钟同步单元；

（6）光纤接口单元。

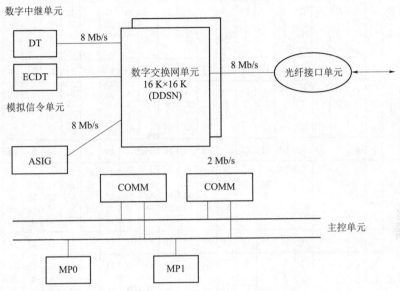

图 3.1-1 MPM 硬件原理图

光纤接口单元在与多模块局的 MPM 一侧可以包含在 NETU 中，当在多模块局中心一侧时，FBI 单独为一层单元。它的主要功能是将 MPM 与中心模块（MPM 或 CSM）之间用光纤连接起来。

MPM 从逻辑上分为以上几种单元，物理上，每一种单元都包含了一块或几块不同的单板来实现其功能，从机架图上来观察一下各种不同的单板。MPM 机架单板的排列如图 3.1-2 所示。

MPM 从硬件设备上也有一个比较明显的分层结构，分别为机架—机框—单板。MPM 的硬件实体是一个机架，分成了六层，每一层称为一个机框，每层机框又分成了 27 个槽位，用来插接不同的单板。机框从下往上依次为第一层到第六层，如楼房，越高层数越大。

第一层、第二层、第五层和第六层都为数字中继层，可以用来安置数字中继单元或模拟信令单元的单板，如数字中继接口板（DTI）或模拟信令板（ASIG）等。第四层全部为主控单元，成为 MPM 的核心司令部，用于处理整个网络的消息。它包括：

六对通信板（COMM），用来实现模块间、模块内及七号信令的处理。

槽位 25 安装环境监控板（PEPD）（1 个机房配 1 块）。

槽位 26 安装监控板（MON）。

第三层交换网络层包括交换网络单元、时钟同步单元和光纤接口单元的各种单板。交换网络单元包括交换网板（DDSN）和交换网络接口板（DSNI）。时钟同步单元包括同步振荡时钟板（SYCK）和时钟接口板（CKI）。光纤接口单元包括光纤接口板（FBI）。

我们已经了解了 MPM 的基本构成，究竟这些单元用来完成什么作用，单板之间如何协调起来共同完成交换功能，将在下一节展开讨论。

	1	2	3	4	5	6	7	8	9	10	11	12	13	14	15	16	17	18	19	20	21	22	23	24	25	26	27	
6	PWRB		DTI	DTI		DTI	DTI		DTI	DTI		DTI	DTI		DTI	DTI		DTI	DTI		DTI	DTI		DTI	DTI		PWRB	BDT
	1	2	3	4	5	6	7	8	9	10	11	12	13	14	15	16	17	18	19	20	21	22	23	24	25	26	27	
5	PWRB		DTI	DTI		DTI	DTI		DTI	DTI		DTI	DTI		ASIG	ASIG		ASIG	ASIG		ASIG	ASIG		ASIG	ASIG		PWRB	BDT
	1	2	3	4	5	6	7	8	9	10	11	12	13	14	15	16	17	18	19	20	21	22	23	24	25	26	27	
4	PWRB		SMEM				MP				MP		COMM1	COMM2	COMM3	COMM4	COMM5	COMM6	COMM7	COMM8	COMM9	COMM1	COMM1	COMM1	PEPD	MON	PWRB	BCTL
	1	2	3	4	5	6	7	8	9	10	11	12	13	14	15	16	17	18	19	20	21	22	23	24	25	26	27	
3	PWRB	FBI	FBI	FBI	FBI	FBI	FBI	FBI	FBI	SYCK		SYCK			DDSN	DDSN	DSNIC	DSNIC	DSNI1	DSNI2	DSNI3	DSNI4	DSNI5	DSNI6	DSNI7	DSNI8	PWRB	BNEN
	1	2	3	4	5	6	7	8	9	10	11	12	13	14	15	16	17	18	19	20	21	22	23	24	25	26	27	
2	PWRB		DTI	DTI		DTI	DTI		DTI	DTI		DTI	DTI		DTI	DTI		DTI	DTI		DTI	DTI		DTI	DTI		PWRB	BDT
	1	2	3	4	5	6	7	8	9	10	11	12	13	14	15	16	17	18	19	20	21	22	23	24	25	26	27	
1	PWRB		DTI	DTI		DTI	DTI		DTI	DTI		DTI	DTI		DTI	DTI		DTI	DTI		DTI	DTI		DTI	DTI		PWRB	BDT

图 3.1–2　MPM 机架单板的排列

3.2　MPM 的单元与单板

3.2.1　主控单元

主控单元负责对所有功能单元、单板进行监控，在各个处理机之间建立消息链路，为软件提供运行平台，满足各种业务需要。MPM 模块的主控单元由一对主备模块处理机 MP、共享内存板 SMEM、通信板 COMM、控制层背板 BCTL、监控板 MON 和环境监控板 PEPD 组成。BCTL 为各单板提供总线连接并为各单板提供支撑，COMM、MON 和 PEPD 板可以混插。其机框与单板的对应关系如表 3.2–1 所示。

表 3.2-1　主控单元的机框与单板的对应关系

1	2	3	4	5	6	7	8	9	10	11	12	13	14	15	16	17	18	19	20	21	22	23	24	25	26	27
电源B		共享内存	主控单元				主控单元					MMP	MMP	MPP	MPP	MPP	MPP	MPP	MPP	STB	STB	STB		环境监控	监控	电源B

3.2.1.1　主处理器（MP）

1. MP 的功能

模块处理机 MP 是主控单元的核心，其主要功能如下：

（1）控制交换网的接续；

（2）负责前后台数据及命令的传送；

（3）实现与各外围处理单元的消息通信；

（4）主备状态控制，主/备 MP 在上电复位时采用竞争获得主/备工作状态；

（5）提供 2 个 10/100 M 以太网接口，一路为连接后台终端服务器，另一路为扩展控制层间连线；

（6）其他服务功能：包括 Watchdog 看门狗功能、5 ms 定时中断服务、定时计数服务、配置设定，引入交换机系统基准时钟作为主板精密时钟。

2. MP 的基本组成

MP 由 CPU、总线系统、存储器系统、系统控制器和 I/O 接口设备构成，占据控制层 BCTL 四个物理槽位（4～7、8～11）。MP 处理能力强，速度快，带 BUSI 接口、以太网接口和硬盘。

（1）CPU 采用 Intel 公司奔腾 586。

（2）总线系统：内部采用 PCI 总线/ISA 总线。

（3）存储器系统：高速 CACHE 存储器、动态 RAM（DRAM）、软盘/硬盘存储器。

（4）系统控制器：由 DMA、ITC（中断控制器）、定时电路及逻辑阵列电路（EPLD）构成。

（5）I/O 接口设备：由 I/O 电路完成。

（6）以太网控制器：主要提供 MP 在主机中实现前后台数据、命令通信及主/备切换。

（7）键盘与鼠标接口：连接操作键盘和鼠标。

（8）FDC 接口，IDE 接口（软、硬盘接口）。

（9）异步串行总线接口 UART。

总之，MP 就是一台电子计算机，外接相应的显示器，通过显卡程序的驱动，就可以像电脑一样操作。

3. MP 单元的 BUSI 总线

BUSI 是 MP 单元的总线接口电路，其主要功能是提高 MP 单元对背板总线 PCB 的驱动能力，并提供以太网主/备切换控制和校验功能。

BUSI 主要包含以下功能单元。

（1）总线驱动器：主要提供主控层背板总线驱动。

（2）总线控制器：对数据总线进行奇偶校验，总线监视和禁止。

（3）MP 要接收来自 13 块 COMM 板和 1 块 MON 监控板的中断信号及 DRAM 的中继信号，经过中断控制器集中后发往 CPU。

（4）主备切换控制器：主/备 MP 在上电复位时采用竞争获得主/备工作状态（MP 与其他主/备件上电复位情况不同）。

主备切换可由四种方式控制：

① 命令切换（由后台维护人员发出切换命令，执行主备切换，通过后台告警界面菜单实现）。

② 人工手动切换（开关动作，通过前台 MP 面板的"切换"按钮实现）。

③ 复位切换（通过后台告警界面或前台 MP 面板的"复位"按钮实现）。

④ 故障切换（当 Watchdog 产生故障溢出时自动执行主/备切换，由软件程序实现）。

4. MP 的 IP 地址分配

我们已经知道，MP 是一台计算机，要实现正常的工作，必须遵循计算机通信的机制，通过 IP 地址来作为寻址的依据。这样，就有了 MP 的 IP 地址分配。

中兴产品对 IP 地址的分配做了明确的规定：

本地节点采用 C 类 IP 地址，前面字节为网络地址，最后一个字节为子网内的主机地址，网络地址（共 24 位）结构如表 3.2-2 所示。

表 3.2-2　网络地址结构

1	1	0	A	A	A	A	A	A	A	A	A	A	—	—	—	B	B	B	B	B	B	B	B

"110"：C 类地址标识，3 位。

"A"：本地所在 C3 网的长途区号，10 位，取值范围 010～999。

"–"：保留项，3 位，暂填 0，留待以后扩充。

"B"：交换机编号（局号），8 位。在本 C3 网内对所有 ZXJ10 机按多模块编号。本交换机的编号数，取值范围 0～255。

主机地址与各网络节点的主节点号有关；

对于后台 NT 节点（包括 Server 和 Client），主机地址就是其节点号。

机架上位置在左的 MP，主机地址是该 MP 模块的主节点号。

机架上位置在右的 MP，主机地址是该 MP 模块的主节点号加 64。

对于以 CSM 组网的多模块局来说，SNM 和 MSM 的 MP 节点号是确定好的，SNM 的模块节点号就是 2 号，MSM 的模块节点号是 1 号，不允许更改。它连接的若干个 MPM 的节点号从 3 开始，可以更改。

对于单模块或以 MPM 为中心组网的交换局，其中心 MPM 模块一定是 2 号模块。其余从 3 开始。

1）子网内主机地址资源分配

1～99 标志交换机的前台 MPM 模块的主备用 MP 的节点；

100～110 分配给路由器等数据设备作为节点地址；

129～139 为后台 NT 服务器节点（有预留）；

170～189 分配给本地操作维护终端使用；

190～199 分配给远程终端使用；

254 为告警盘专用节点。

&说明：

IP 地址是主机在 Internet 网络上唯一的身份。IP 地址由 32 位的值组成，分为两个部分：network ID 是网络给予主机的身份，主机地址是网络上主机的唯一身份，即 IP 地址确定本主机是哪个网络的哪台主机。32 位 IP 地址的哪部分表示网络地址，哪部分表示主机按 IP 地址的种类而不同。

目前 IP 地址分为 A、B、C、D、E 五类，用在不同的网络之中，我们的设备均采用 C 类 IP 地址。

2）以 MSC/VLR 的后台 NT 服务器为例来说明 IP 地址的分配

ZXC10–MSC/VLR 交换机在南京（长途区号 025）所开的第 7 个多模块局（编号为 7），其中心模块 SNM 的 MP 的 IP 地址计算方法如下：

把 25 换算成十位二进制数为 11001，填充到网络地址的"A"所在的位置，不足十位的前面补 0，用 000 填充后三位，把多模块局编号换算成二进制数 00000111 填充到"B"所在的位置，把节点号换算成二进制数填充到"C"的位置，由于 SNM 的节点号不可变就是 2 号，节点号为 00000010，当全部填写完毕后，将 32 位的 IP 通过 8 位一组换算成十进制数，从而得到 IP 地址为 192.200.7.2，具体如表 3.2–3 所示。

表 3.2–3　MP 的 IP 地址

1	1	0	0	0	0	0	0	1	1	0	0	1	0	0	0	0	0	0	0	0	1	1	1	0	0	0	0	0	0	1	0

中兴交换机的 MP 存在双操作系统，实时多任务操作系统（IRMX）和 DOS 操作系统。IRMX 操作系统是研发人员调试程序的基本环境，所有系统工作的应用程序运行在该操作系统下，但 IRMX 系统必须依赖 DOS 操作系统而生。尽管 DOS 操作系统大家已经很熟悉，但 DOS 下的几个关键目录需要特别留意：

（1）CONFIG 目录下的文件，提供了前后台建立通信的基本配置数据、系统及版本类型情况，例如告诉 MP 系统是 CDMA 网络中的 MSC/VLR 版本等，包含有以下几个重要文件。

① TCPIP.CFG：前后台建立通信的基本配置数据；

② VERSION.CFG：PLMN 网络类型及系统类型；

③ OMC.CFG：系统节点号；

④ TIMER.CFG：系统运行的软件定时器。

（2）VERSION 目录下的文件，主要放置前台运行的版本，CDMA 的版本通常是 ZXC10。

（3）DATA 目录下的文件，主要存放后台同步过来的配置数据表等。它一般包含两个子目录，分别是\TEMP 和\V0100，这两个子目录下是从后台同步的各种配置数据，以 ZDB 的文件存储。交换机最终从\V0100 子目录下读取相应配置信息。

（4）USER 目录下的文件，主要告诉交换机到何目录下读取运行版本，关键文件是一个隐含文件——LOGON 文件。

&注意:

这些文件非常关键,任何人在设备的使用过程中不得擅自更改,否则系统可能出现重大问题。由于 MP 的 DOS 操作系统具有可操作性,因此大家在对 MP 进行操作的过程中,一定要谨慎从事。

3.2.1.2　通信板（COMM）

1. 概述

ZXC10–MSC/VLR 模块内控制部分采用分级集中控制方式。通信板由主控单元及各外围处理单元中的控制处理器及其他单板处理器组成。通信板是 MP 的通信辅助处理机,完成 MP–MP 通信、MP–SP 通信、七号信令、V5 等的链路层。最多可同时处理 32 个 HDLC 信道。物理层为 2 MHW 线,每个逻辑链路（信道）可在 4 条 HW 中任意选择 1～32 个 TS,但总的时隙数不超过 32 个。

为了检测和校正通过 HW 线传输所产生的差错,须用一定的协议进行控制,同时考虑到七号信令及 ISDN 的需要,COMM 板采用了 HDLC 协议即高级数据链路控制规程,如图 3.2–1 所示。

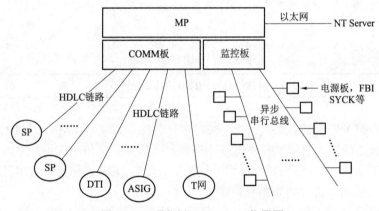

图 3.2–1　通信板（COMM）位置图

2. COMM 板在控制层的结构

MP 是通过背板 PCB 总线与各 COMM 板连接在一起的,如图 3.3–2 所示。MP0、MP1 为主备工作方式,而 COMM 为负荷分担方式,与 MP 之间的连线必须通过两条独立而相同的 PCB 总线相连。

3. COMM 板的基本原理

通信板的基本工作原理如图 3.2–3 所示。

消息传递时,MP 将要发送的消息写入 DPRAM1,由 CPU（386EX）将其取出置入 DPRAM2,由 HDLC 控制器从双口 RAM2 中取出后按一定帧格式汇入 MT8986,经 8986 选择四条中的一条去向链路,送到 DSN（T 网）的 DSNI 接口。

接收消息时,从 T 网来的消息经 DSNI 某条数据链路送到 COMM 板的 MT8986,由 MT8986 在 HDLC 控制器转存入 DPRAM2,再由 CPU386EX 从 DPRAM2 取出置入相应的 DPRAM1,由 MP 处理机接收。

在消息接收时，由 HDLC 转至 DPRAM 必须经校验，核准无误才放入 DPRAM，否则要求对方重发。接收校验如不准确，则 CPU 将向 MP 发中断告警。

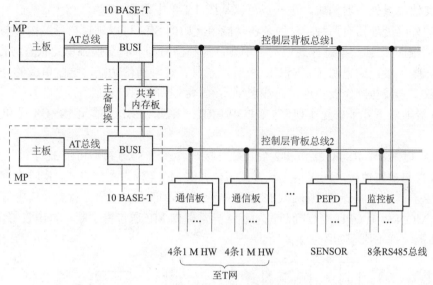

图 3.2-2 COMM 与 MP 连接示意图

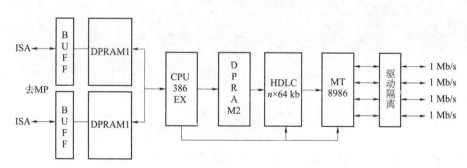

图 3.2-3 COMM 板的基本工作原理

COMM 板与 MP 板都有向对方申请中断的信号，COMM 与 MP 在消息交换过程中就是用这种中断方式通知对方的。

4. 通信板的分类

在交换机中通信板主要实现以下几种功能：

（1）实现模块之间通信的通信板，被称为 MPMP。

（2）实现模块内 MP 与外围功能单元间通信的通信板，被称为 MPPP。

（3）提供七号信令链路处理的通信板，被称为 STB 板。

讲到通信板，就不得不提到通信端口的概念。通信板提供了 MP 与其他单元及外围模块通信的端口。一类端口是由一对时隙（TS）构成的端口，普通 MPPP 可以提供 32 个此类端口。另一类是由四对时隙（TS）构成的端口，被称为超信道端口，用于模块间通信及控制 T 网接续。模块间通信端口由 MPMP 提供，而控制 T 网接续的端口由第一对 MPPP 提供，占用 MPPP 的前 8 对时隙。

3.2.1.3　监控板（MON）

ZXC10–MSC/VLR 系统采用全分散的控制结构，由主控单元及各外围处理单元中的控制处理器及其他单板处理器构成，这一点可以从图 3.2–1 中得到体现。

系统的外围处理器有两种：一种是各功能单元中的 SP，可以进行自身监控并与 MP 通过 COMM 和半固定接续交换进行通信的各单元，能够随时与 MP 交换各单元状态与告警信息；另一种是一些单板，如电源板、SYCK 板等，不具备这种通信功能，这些单板的处理器用异步串行半双工总线与监控板相连，总线层采用 RS485 标准。

MON 板能对下列子单元实现监控：POWERB 子单元、FBI 子单元、SYCK 子单元、DSNI 板等。

MON 板提供 8 个 RS485 接口和 2 个 RS232 接口，每个 RS485 接口可带 32 个被监控子单元。

MON 板与被监控板之间采用主从方式工作，以 MON 板为主控方式，定时查询各被控子单元，被控子单元在被查询时向 MON 发送响应数据，即将本子单元状态及告警等信息告知 MON，由 MON 板上 CPU 进行判断，如确认异常即向 MP 送告警中断，发出告警信息。

MON 板的基本原理如图 3.2–4 所示。

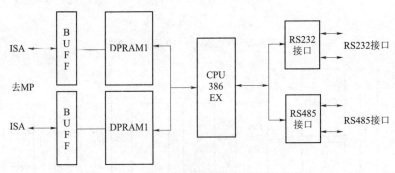

图 3.2–4　MON 板的基本原理

MON 板与 MP 之间同样也可以互发中断请求信号中断对方，进行双方信息的交换。MP 向 MON 发送的数据都由 CPU 校验，如发现差错，即可要求 MP 重发。MON 板上装有 8 个 RS485 接口，最多可实现 256 个对象的监控（32×8），全部可以覆盖本机系统需要监控的子单元。

MON 在定时查询发现某子单元出错或故障报告后，通过 DPRAM 向 MP 报告告警信息或通知维护人员介入处理。

3.2.1.4　环境监测板（PEPD）

一个完善的告警系统是必不可少的。它必须对交换机工作环境随时监测，并对出现的异常情况及时做出反应，给出报警信号，以便及时处理，避免不必要的损失。

系统设计采用监测、告警分开的做法，把监测部分做成环境板（PEPD），通过它对环境进行监测，并把异常情况上报 MP 做出处理。

环境板要求具有以下功能：

（1）对交换机房环境进行监测：温度、湿度、烟雾、红外等。

（2）通过指示灯显示异常情况类别，并及时上报 MP。

（3）在中心模块中位于控制层，和 MP 通信方式与 COMM 板、MON 板相同。PEPD 板的原理如图 3.2-5 所示。

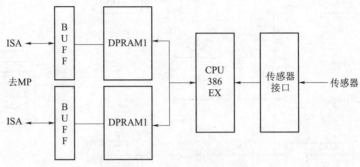

图 3.2-5　PEPD 板的原理

环境板经过总线收发器以及两个 4 K×18DPRAM 与 MP0、MP1 相连。18 位为 16 位数据和 2 位奇偶校验位。主备 MP 把需传送的数据按一定格式放到与自己总线相连的 DPRAM，经过奇校验，送至 386EX CPU。CPU 读取数据，做相应处理。如发现奇校验错误，则向 MP 报告，由 MP 重新发数据。

环境板与主备 MP 互相都可发中断信号，只要一方往对方的邮箱写数据，对方即产生中断。

环境监测原理如下：

烟感传感器一旦检测到烟，会产生电流信号，板内将电流信号转为电平信号，送 CPU 检测。

温度、湿度传感器将温度、湿度变化对矩形波的频率进行调制，并用 386EX 计数器测频率的变化。

红外传感器打开后，随时对环境进行检测，当发现有人靠近时，输出一开关电平信号供 CPU 检测。

3.2.1.5　共享内存板（SMEM）

共享内存板是为了主备 MP 的快速倒换而设计的，可以为主 MP 提供可同时访问的 8 KByte[①] 的双端口 RAM 和共享的 2 MByte RAM，同时提供相应容量的 1 位数据奇偶校验位，以保证数据的正确性。MP 可利用它作消息交换通道和备份数据。共享内存板的原理框图如图 3.2-6 所示。

共享内存板采用 EPLD 完成各种控制和仲裁逻辑电路等主要功能。由图 3.2-6 可知，MP1 和 MP2 各通过一级缓存到达双口 RAM，其中地址和控制缓冲为直通透明方式，数据缓冲则受 EPLD 控制。MP1 和 MP2 可同时访问，第 2 级缓冲（含地址和控制数据）则为分时复用 2 MB 共享 RAM 开关。

2 MB SMEM 在同一时刻只供一个 MP 访问，另一 MP 不能访问，需等待仲裁由共享内存板硬件完成仲裁：只有已取得 SMEM 控制权的 MP 才可访问 SMEM，访问结束，立刻交出控制权；在一方已取得控制权时，另一方若试图访问，将会收到"BUSY"信号，而取得控制的一方不受其影响。8 K 双端口 RAM 可供主备 MP 同时访问。当同时访问到同一地址单元时，共享内存板将通过"BUSY"信号，做出仲裁。

---

① 字节，1 Byte=8 bit。

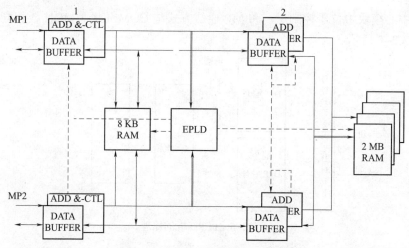

图 3.2-6 共享内存板的原理框图

共享内存板通过 8 K 双端口 RAM 可设立主备 MP "邮箱"。当甲方向乙方的 "邮箱" 传递邮件时，乙方会收到甲方发出的中断信号，当乙方取走邮件后将复位此中断信号。

3.2.2 交换网络单元

3.2.2.1 单元概述

数字交换单元主要分布在 MPM 中，是一个单 T 结构时分无阻塞交换网络，容量为 16 K×16 K 时隙，PCM 总线速度为 8 Mb/s，采用双入单出热主备用工作方式。T 网的接续控制由 MP 经 COMM 板通过 256 kb/s（4×64 kb/s）超信道 HDLC 链路进行控制。接续消息由 MP 发至 COMM 板，COMM 板将之转发给主备用交换网，以保证主备用交换网的接续完全相同。

1. 数字交换单元位置

数字交换单元主要分布在外围交换模块的 BNET 层，交换网络结构如表 3.2-4 所示。

表 3.2-4 交换网络结构

1	2	3	4	5	6	7	8	9	10	11	12	13	14	15	16	17	18	19	20	21	22	23	24	25	26	27
P W R B	F B I	F B I	F B I	F B I	F B I	F B I	F B I	F B I	S Y C K		S Y C K			D D S N	D D S N	D S N I C	D S N I C	D S N I 1	D S N I 2	D S N I 3	D S N I 4	D S N I 5	D S N I 6	D S N I 7	D S N I 8	P W R B

本层从 15 槽位到 26 槽位都属于交换网络单元，包括一对交换网板（DDSN）和五对网络驱动板（DSNI），网板为 16 K，故外围交换模块的交换容量为 16 K，一共可以提供 128 条 8 Mbit/s 的 HW 线，其中 54 条 HW 用于通过 FBI 板接 SNM 或 MPM；4 条 HW（512 个时隙）通过一对 DSNI 板（17、18 槽位）接控制层，用作消息的交换；64 条 HW 通过另四对 DSNI 板接数字中继单元或资源板。

2. 数字交换单元的主要功能

（1）完成模块内部用户的话路接续交换；

（2）与中心交换网模块互连实现模块间话路接续；

（3）MP 经过半固定接续与外部单元建立消息交换接续通信；

（4）支持 $n \times 64$ kb/s 动态时隙交换，可运用于 ISDN H_0 H_{12} 信道传输及可变宽模块间通信（$n \leqslant 32$）。

3. T 网 HW 线的分配

T 网的交换容量为 16 K×16 K，共有 128 条 8 M HW 线。其中 HW 线的 0～3 共 4 条 HW 线用于消息通信，通过 DSNI–C（17、18 板位）板连接到 COMM 板，这四条 HW 线进 DSNI–C 板后分成 32 条 1 M HW 线，分别接入各 COMM 板，如图 3.2–7 所示。

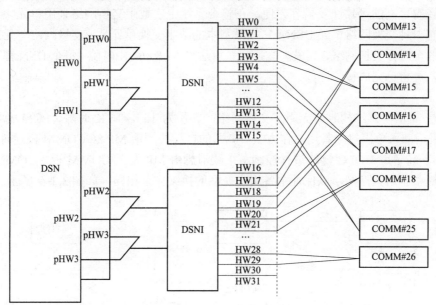

图 3.2–7 DDSN 到 COMM 的连接示意图

这 32 条 1 M HW 线分别连接到 COMM 板，其上的通信采用 PCM30/32 帧结构来传送，但只利用了一半时隙。在背板上 32 条 HW 线的接头分别用 MPC0～31 来表示。这两块 DSNI–C 板是负荷分担方式工作。

T 网其他的 HW 线一部分用来传送语音，一部分用来实现模块间的连接，分别通过四对 DSNI–S 板与四对 FBI 板连接到各功能单元，如图 3.2–8 所示。

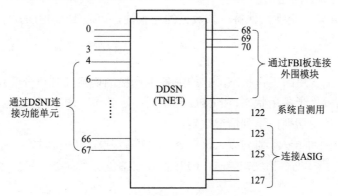

图 3.2–8 T 网 HW 线的分配

HW0～3 用于消息通信；HW4～68 用于数字中继单元和模拟信令单元的连接。HW69～121 用于模块间连接；HW122 用于自环测试；HW123～127 无驱动 HW，一般用于连接模拟信令单元。

3.2.2.2 数字交换网板（DDSN）

ZXC10–MSC/VLR 交换机系统，采用了模块叠加式的分布式结构，全分散控制，是一个具有很强组网能力，能支持多种业务的综合交换平台。正是基于这种分布式系统结构，交换机在其交换网络中具有一个重要特征——分布式交换网络。

为了获得更高的可靠性及扩容方便，在整个系统中，数字交换网络采用单元化设计，即物理上只有一种交换网络单元 DSN，它是最基本的数字交换单元。该交换网络单元是一个单级无阻塞的全时分交换网络，其最大交换容量可达到 64 K×64 K 时隙。每个 DSN 都有独立的微处理器，可自己完成接续工作。

1. 结构

T 网是一个单 T 结构时分无阻塞交换网络，容量为 16 K×16 K 时隙，PCM 总线速度为 8 Mb/s，采用双入单出热主备用工作方式。T 网的接续控制由 MP 经 COMM 板通过 256 kb/s （4×64 kb/s）超信道 HDLC 链路进行控制。接续消息由 MP 发至 COMM 板。COMM 板将之同时转发给主备用交换网，以保证主备用交换网的接续完全相同，如图 3.2–9 所示。

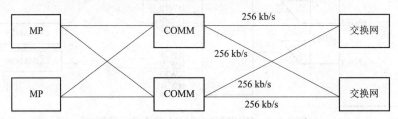

图 3.2–9 主备用交换网与 COMM、MP 关系

2. T 网的功能

（1）完成本 MPM 模块内部用户的话路交换；

（2）与交换网络模块（SNM）互通，建立与其他 MPM 模块内用户的话路通路；

（3）将各个外部接口单元、信令单元的通信时隙通过半固定连接交换到主控单元的 COMM 板，建立与 MP 的通信；

（4）支持 n×64 kb/s 交换，保持一帧数据的完整性，可应用于 ISDN 的 H_0 信道传输及带宽可变的模块间通信。

3. 切换控制

DDSN 工作于主备用的工作状态，它的主备 T 网板的切换控制可分两种情形：

（1）复位时两板处于备用状态，由 CPU 判断后指定其中一块主用，避免了上电竞争现象。

（2）工作时主备用切换由下列情况决定：

① 人工切换。由维护人员通过发人机命令实现主备切换，切换后主备指示灯均随之变化。

② 故障切换。当主网板出现故障时，CPU 便发出主备切换命令，主备指示灯也随之变化。

3.2.2.3　数字交换网络接口板（DSNI）

DSNI 数字交换网接口板主要提供 MP 与 T 网、SP 与 T 网之间信号的接口，并完成 MP、SP 与 T 网之间各种传输信号的驱动功能。由于 T 网引出的 HW 速率为标准的 8.192 Mb/s 速率，因此对用于 2 Mb/s 速率的单元必须具备 8 Mb/s→2 Mb/s 速率变换，DSNI 分为两大类：

（1）MP 级接口板（DSNI–C）：通常一个交换网单元只有一对。

（2）SP 级接口板（DSNI–S）：满配置一个交换网可以有四对。

1. MP 级的 DSNI 板

MP 级的 DSNI 主要完成 HW 线的速率变换作用。来自 T 网的 8 Mb HW 和来自 MP 级的 2 Mb HW 在本接口电路进行双向码速变换，分别将下行 8 Mb HW 变换为 2 Mb HW，上行 2 Mb HW 变换为 8 Mb HW（上行：从 MP→T 网，下行 T 网→MP）。两块 MP 级的 DSNI 采用负荷分担的工作方式。主备 T 网与 MP 级驱动电路（DSNI）直接相连。当 T 网主备切换时，只要 DSNI（MP）有一块留在槽位，就对系统工作无影响。如有两块在槽位，则自动跟随切换，撤去任一 DSNI，DSNI 自动进行切换，而 T 网不受影响。

DSNI（MP）还具有人工切换，故障自动切换功能。DSNI 中控制核心是 CPU，它的任务主要是控制码速变换，通过 RS485 与主控单元 MON 板进行通信，对时钟及码速变换电路进行监控，一旦异常即向 MP 告警（经 MON）。

2. SP 级的 DSNI 板

SP 级 DSNI 与 MP 级 DSNI 的主要差别是 SP 级 DSNI 输入为 16 路 8 Mb HW，输出也为 16 路 8 Mb HW，没有速率变换的作用，在逻辑上仅起一个透明传输作用。而在物理上仅起一个驱动隔离功能，与差分平衡驱动相适配。同时，SP 级的 DSNI 采用主备用的工作方式。

SP 级 DSNI 电路与 MP 级 DSNI 电路形式基本相同，因此在电路上采用同一种单板插件，只是通过在板上跳接线来区分 SP 与 MP 级的功能。在 DSNI 单板上有三处跳线位置，分别表明如何连接实现 SP 级或 MP 级接口板的功能。根据单板的设计结构，每一处跳线位置有 1、2、3 三点，通过跳线连接 1 和 2 或 2 和 3 分别表示 MP 级和 SP 级，三处跳线要保持一致。具体如何连接，在单板上都会有说明，请在安装和维护的时候注意分清。

3.2.2.4　双通道结构

中兴交换机在实现语音和消息的处理过程中，采用了双通道的结构。这里的双通道指的是语音通道和消息通道。所谓的双通道结构是指在交换机的内部 HW 线传递信息和语音的时候，采用了不同的通道，使得消息的处理和语音的处理分离，提高了处理效率和可靠性。

1. 语音通道

图 3.2–10 中箭头为当某一语音通过数字中继单元（DTU）的某一时隙接入后，经过与 DTU 直接相连的 HW 线送至相应的 DSNI（如 DSNI1），再通过 T 网交换，通过被叫所在的数字中继单元对应的 HW 线送至相应 DSNI（如 DSNI2），再通过 DTU 和被叫接续。

总结语音通道是：DTU→DSNI（SP）→T 网→DSNI（SP）→DTU。

2. 信令通道

ZXC10–MSC/VLR 的信令通道相对复杂，如图 3.2–11 中黑色箭头所示。

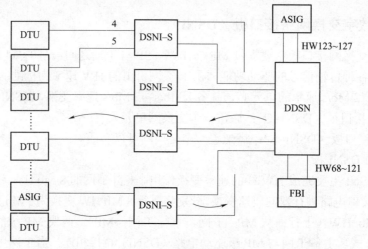

图 3.2–10　语音传递通道

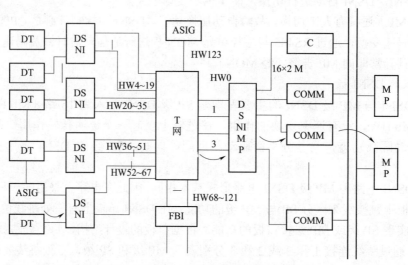

图 3.2–11　信令传递通道

　　当某一用户发出一消息（非语音）时，通过 DTU 的 HW 线某一个时隙（通常是 HW 线的最后两个时隙）送到相应的 DSNI（SP），再送至 DDSN 网络。DDSN 网络将时隙交换到 HW0～HW3 的某一时隙，通过消息 HW 线送至 DSNI（MP），再送到通信板的相应端口，最后由 MP 进行处理。

　　其信令通道应该是：MP→COMM→DSNI（MP）→T 网→DSNI（SP）→DTU。

3.2.3　时钟同步单元

　　移动交换系统的时钟同步是实现通信网同步的关键。ZXG10–MSC/VLR 的时钟同步系统由基准时钟板 CKI、同步振荡时钟板 SYCK 及在多模块时用到的时钟驱动板 CKDR 构成，为整个系统提供统一的时钟，又同时能对高一级的外时钟同步跟踪。在物理上时钟同步单元与数字交换网单元共用一个机框，BNET 板为其提供支撑及板间连接。

3.2.3.1 时钟接口板（CKI）

在 ZXC10–MSC/VLR 系统中，时钟提取由时钟基准板（CKI）完成，CKI 板提供三种接口：连接 2.048 Mb/s（跨接或通过）的接口、2.048 MHz 的接口、5 MHz 的接口，并能够接收从 DT 或 FBI 平衡传送过来的 8 kHz 时钟基准信号；同时，还可以循环监视以上各个时钟输入基准是否降质$\left(\dfrac{\Delta f}{f} \geqslant 2 \times 10^{-8}\right)$。通常在系统采用 BITS 时钟作为时钟基准时，才需要 CKI 板，如果仅需要提取上级局时钟，则该板可不配置。

3.2.3.2 同步时钟振荡板（SYCK）

同步振荡时钟板 SYCK 与基准时钟板 CKI 配合，为整个系统提供统一的时钟，又同时能对高一级的外时钟同步跟踪。其主要功能如下：

可直接接收数字中继的基准，通过 CKI 可接收 BITS 接口、原子频标的基准。为保证同步系统的可靠性，SYCK 板采用两套并行热备份工作方式。

ZXC10–MSC/VLR 系统同步时钟采用"松耦合"相位锁定技术，可以工作于四种模式，即快捕、跟踪、保持、自由运行。

本同步系统可以方便地配置成二级时钟或三级时钟，只需更换不同等级的 OCXO 和固化的 EPROM，改动最小。

整个同步系统与监控板的通信采用 RS485 接口，简单易行。

具有锁相环路频率调节的临界告警，当时钟晶体老化而导致固有的时钟频率偏离锁相环控制范围（控制信号超过时钟调节范围的 3/4）时发出一般性告警。

SYCK 板能输出 8 MHz/8 kHz 时钟信号 20 组，16 MHz/8 kHz 的帧头信号 10 路。为了提高时钟的输出可靠性及提高抗干扰能力，采用了差分平衡对线输出电路。

SYCK 与 CKI 之间的通信是由 FIFO 存储器实现的。CKI 板将各路时钟基准的状态及时钟降质信息通过 FIFO 通知 SYCK，SYCK 将此信息通过 RS485 接口上报给 MON，再报告给 MP。SYCK 根据基准输入的种类通知 CKI 选取某一路时钟作为本系统的基准。

当各输入时钟基准降质达到$\left(\dfrac{\Delta f}{f} \geqslant 2 \times 10^{-8}\right)$时，通过 SYCK 向 MON、MP 报告。

3.2.3.3 系统同步时钟的分配

由 SYCK 输出的 20 路 8 MHz、8 kHz；10 路 16 MHz、8 kHz 时钟将送到整个系统的各分系统，作为全系统的同步时钟基准及时钟源。其中 10 路 16 MHz、8 kHz 时钟为 SNM、DSN 交换网层使用。其余的 20 路 8 MHz、8 kHz 提供给 DSNI 作为时钟源。

3.2.3.4 系统时钟同步的实现

1. 单模块组网

通常系统基准时钟的提取有两种方式，一是以 BITS 时钟作为基准时钟；另一种是从上级局提取同步时钟信号。BITS 时钟的精度要比上级局时钟精度要高，目前很多交换局采用了这两种方式来获取时钟。不论哪种提取方式，提取到的时钟都要送到 SYCK 板作为锁相环的跟踪基准。

单模块时，如果以 BITS 时钟为基准，则 BITS 时钟送到 CKI，再由 CKI 送至 SYCK；如果从上级局提取时钟，则应从数字中继板（DTI）的时钟提取口提取，并送至 SYCK。

2. 多模块组网

多模块组网时，同步时钟基准信号由 SNM 模块提供，各外围模块由与 SNM 模块对接的 DTI 或 FBI 从传输线路上提取此基准时钟信号（E8K），将此基准时钟送至本外围模块的时钟同步单元进行跟踪同步，从而达到外围模块与 SNM 模块时钟的同步。若多模局作为从时钟要与外系统同步，则可以根据 DTI 或 BITS 所提取的外同步信号或原子频标，实现与外时钟同步，其基本形式如图 3.2–12 所示（以 MPM 为例）。

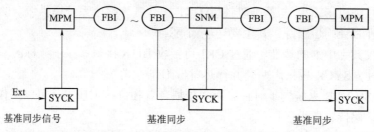

图 3.2–12　系统同步的基本形式

这里的外基准同步信号是：原子频标、BITS 接口等。本系统最高时钟等级为：二级 A 类标准。

3.2.4　数字中继单元

数字中继单元是移动交换系统与移动交换系统之间（局间）或移动交换系统与数字传输系统之间的接口单元，其作用是根据 PCM 时分复用原理，将 32 路 64 kb/s 的话路信号和信令复接成 2 048 kb/s 信号，在本系统内进行交换接续处理。

3.2.4.1　单元概述

1. 单元结构

在 ZXC10–MSC/VLR 系统中，数字中继单元主要由数字中继板 DTI 和中继层背板 BDT 构成，在物理上与模拟信令单元共用相同机框，占据整个机架的第一、二、五、六层。其每层结构前视图如表 3.2–5 所示。

表 3.2–5　数字中继单元每层结构前视图

1	2	3	4	5	6	7	8	9	10	11	12	13	14	15	16	17	18	19	20	21	22	23	24	25	26	27
P W R B		D T I	D T I		D T I	D T I		D T I	D T I		D T I	D T I		A S I G	A S I G		A S I G	A S I G		A S I G	A S I G		A S I G	A S I G		P W R B

数字中继是数字程控交换局与局之间或数字程控交换机与数字传输设备之间的接口设施。

2. 功能

码型变换功能：将入局 HDB3 码转换为 NRZ 码，将局内 NRZ 码转换为 HDB3 码发送出局。

帧同步时钟的提取：从输入 PCM 码流中识别和提取外基准时钟并送到同步定时电路作为本端参考时钟。

帧同步及复帧同步：根据所接收的同步基准，即帧定位信号，实现帧或复帧的同步调整，防止因延时产生失步。

信令插入和提取：通过 TS16 识别和信令插入/提取，实现信令的收/发。检测告警：检测传输质量，如误码率、滑码计次、帧失步、复帧失步、中继信号丢失等，并把告警信息上报 MP。

3.2.4.2 数字中继板（DTI）

每一块 DTI 单板构成一个数字中继单元，每块单板插件含 4 个 E1 接口，容量为 120 路数字中继用户。在 MPM 模块中，中继板位置与 ASIG 模拟信令板插槽位置可以互换，DT 与 ASIG 单元数量配比将根据系统容量要求具体确定。每个中继板的 CPU（亦被称为 SP 级处理机），可以直接与 MP 半固定接续实现消息交换。

每块数字中继板分配一条 HW 线，并配置一个普通端口，用来实现和 MP 的通信，如告警的上报、消息的传递等。下面我们举一个例子，来说明 DTI 板发现告警后的上报过程，如图 3.2-13 所示。

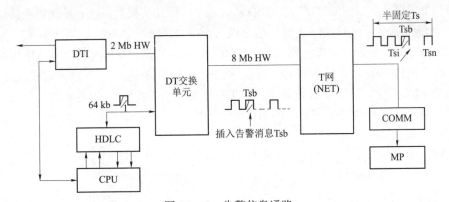

图 3.2-13 告警信息通路

当 CPU 检测到告警消息后，经 HDLC 打包在预定某时隙（如 Tsb）送到上行复接电路，经 T 网半固定接续 Tsb 送到 COMM，再送到 MP，通知维护终端。每块 DTI 板都有六个指示灯，其中四个分别对应四个 E1，如果某一路 PCM 系统没有配置，则相应的指示灯不亮；将它配置后，当与对端局电路互通或自环正常时，相应的指示灯会闪烁。

&说明：

设备内部码型是非归零码（NRZ），不适于在有线线路中传输，应考虑符合以下条件的码型：

（1）不含直流分量，低频及高频分量越少越好；

（2）含时钟信息；

（3）有误码检测能力；

（4）码型转换易实现。

三阶高密度双极性码HDB3能很好地满足这个要求，因此DTI要实现NRZ和HDB3的转换。

我们在进行设备物理配置的时候，在对DTI进行配置时，要求选择接口类型和使用码型，在这里我们选择E1，并使用HDB3码。另外要根据PCM系统的具体用途来配置每一路PCM，可以不同，通常我们选择共路信令系统。

3.2.4.3　带回声抑制的数字中继板（DTEC）

在与固定局对接过程中，由于电话网络中2/4线转换混合线圈阻抗不匹配造成的"回波效应"，四线收的信号没有完全转换到二线，而部分泄漏到四线发造成混合回音。在移动通信中，当回音通路时延大于30 ms时，通话者将听到自己的回音，影响通话效果。所以，当与固定电话网连接时，必须要采取回音消除手段，消除回波效应。

ECDT板除了具有数字中继接口DTI的全部功能外，还具有回声消除功能。完成对2.048 Mb/s PCM传输网络的回音消除，并且提供TD（Tone Disable）功能，即当检测到信道有2 100 Hz信号或ITU_T G.168建议规定的2 100 Hz周期性反相信号时，可自动将该信道EC功能禁止。通常近端加回声抑制设备，远端受益。

3.2.5　模拟信令单元

模拟信令单元只出现在MPM中，由模拟信令板ASIG和背板BDT板组成，与数字中继单元共用一个机框，可以混插。DT与ASIG单元数量的配比将根据系统容量及要求具体确定。

每一个模拟信令单元对应一块模拟信令板（ASIG），每块ASIG提供120路。通常一块ASIG板分成两个子单元，可以分别配置。ASIG单元与T网、MP的通信与数字中继单元完全一样。到T网为一条8 M的HW线，需要分配一个端口。在这里有一点大家要注意，DDSN网板提供的128条HW线中有5条是不经过DSNI驱动的，直接从DDSN网板后连到相应板位，通常ASIG板会和这几条无驱动的HW相连。

模拟信令板ASIG的主要功能：

（1）DTMF信号的接收和发送（120路DTMF Tx/Rx，Tx发，Rx收）；

（2）MFC多频互控信号的接收与发送（120路MFC Tx/Rx）；

（3）Tone信号音及语音通知音的发送，语音电路可提供80路语音服务，总长不超过16 min；

（4）为有CID主叫号码识别信息的话机送出主叫信息；

（5）会议电话功能，可召集10个三方会议或一个三十方会议；

（6）录音通知功能。

ASIG根据板上运行软件的不同，可以分成四种类型：MFC（多频互控板）、DTMF（双音频收/发器板）、TONE（信号音及语音电路板）、CID（主叫号码显示）。四种信号源的配置将由系统配置确定。

&说明：

每个ASIG板分为两个子单元，在对它进行配置时，这两个子单元被标识为DSP1和DSP2，需要根据芯片程序分别配置，但是一定要记住板的下半部分对应DSP1，上半部分对应DSP2。如果后台配置与前台的实际芯片程序不符，该板将不能正常工作。

3.2.6 光纤接口单元

3.2.6.1 概述

由于外围模块（MPM）与中心模块局（SNM）采用的是全分散控制技术，外围模块与SNM 之间的传输信息量大、速率高，因此在 ZXC10–MSC/VLR 系统中采用了先进的光纤技术。在外围模块和 SNM 之间利用一对光纤实现 16×8 Mb 信息传输，从而大大地改善了传输线路因电气干扰、雷电等因素带来的传输质量下降的问题。采用光纤传输后，模块间的分散距离大大延伸。

构成光纤接口单元的单板称为光纤接口板（FBI）。为了确保多模块局之间数据传输能与本地时钟、帧同步信号一致，FBI 设计中还增加了同步时钟的插入/提取，并在收端设有数据弹性缓冲区，便于进行同步时钟调整。

由于本 FBI 光纤收发组件具有 2.048 Mb 的传输能力，因此通过设计改进可以扩展为STM–1 同步网 SDH 的接入接口，为系统宽带网接入奠定了基础。

FBI 设计考虑了系统可靠性，增设了提供 MON 监控板集中监视的 RS485 半双工串行口，实现了 MP 对它的动态集中监视。

一对 FBI 板采用主备复用的工作方式，其主备切换有以下几种形式：

（1）上电复位切换；

（2）人工切换；

（3）人机命令切换；

（4）故障告警软件切换。

而引起 FBI 主备切换的主要原因有：

（1）当前 FBI 板上 8 MHz、8 kHz 时钟信号丢失或故障。

（2）无光信号输入，对方光发送器坏或光纤断开。

（3）人工手动强制切换。

（4）误码统计超值，软件切换命令。

3.2.6.2 FBI 与 HW 线的对应关系

要实现模块间的连接，每个模块至少需要 48 条 8 Mb/s 的 HW 线通过 FBI 板相连。每个 MPM有 54 条 HW 线连至 FBI 板。通常 FBI 板成对出现，主备用工作。每一对 FBI 板对应 16条 HW 线，所以模块间连接至少需要三对 FBI板。还有一对 FBI 板仅对应剩下的 6 条 HW，通常不用。具体的对应关系如图 3.2–14 所示。

3.2.7 电源板（POWER B）

在 ZXC10–MSC/VLR 中，存在着几种不同的电源，如机架电源，称之为 P 电源，各层板两边的电源称 B 电源，以及 MP 的电源，

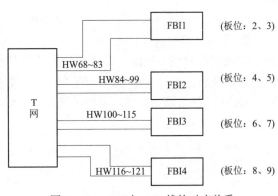

图 3.2–14 FBI 与 HW 线的对应关系

这里仅介绍 B 电源。POWER B 为 MPM 的控制层、网层及数字中继层、光接口层供电：

输入：−48 V 直流。

输出：5 V（60 A），12 V（2 A），−12 V（2 A）直流。

效率：＞75%。

纹波：＜60 mv。

噪声：＜500 mv。

浪涌电流：＜14 A。

POWER B 板单层并联使用，具备 1+1 备份功用，并做到安全带电插拔。当输出电压超出标称值的 10%范围时发生告警，当输入反接或负载短路时，EA 熔断丝可靠熔断，有过压保护。在正常工作状态下，电源功率器件温升不超过 50℃，确保实际使用安全。监控电路要求只监不控，防止 CPU 误操作。

POWER B 板通过 RS485 接口通过 MON 板向 MP 上告报警信息。

3.3 CSM 模块

 **知识导读**

掌握 CSM 模块及其基本单元。

当用户容量较大，MPM 不能够满足用户需求时，我们通过使用 CSM 模块，实现了多模块间的连接，达到扩容的目的。对 CSM 模块本身而言，它并不带用户，只是提供了一个不同 MPM 互通的桥梁和纽带。它包括了两个模块，分别是消息交换模块（MSM）和交换网络模块（SNM），充分体现了系统的双通道结构。先了解一下 MSM 和 SNM 的关系，CSM 硬件原理如图 3.3−1 所示。

1. 消息交换模块（MSM）

消息交换模块 MSM 主要完成各模块之间的消息交换。MPM 经光纤连接到 SNM，由 SNM 的半固定接续将其中的通信时隙连至 MSM，MSM 中的 MP 根据路由信息完成消息的交换。

MSM 的基本单元：主控单元（仅占机架的一层）。

2. 交换网络模块（SNM）

交换网络模块（SNM）是多模块局系统的核心模块，主要完成多模块系统的各个模块之间的话路交换，并将来自多模块的通信时隙经半固定连接后送至 MSM。

SNM 的基本单元包括：主控单元、中心数字交换网单元、时钟同步单元、中心光纤接口单元。

MPM 单板的排列如表 3.3−1 所示。

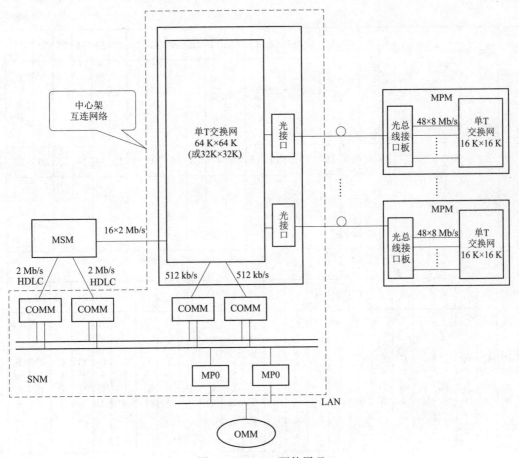

图 3.3-1　CSM 硬件原理

表 3.3-1　**MPM 单板的排列**

	1	2	3	4	5	6	7	8	9	10	11	12	13	14	15	16	17	18	19	20	21	22	23	24	25	26	27	
7	PWRB		SMEM				MP				MP		COMM1	COMM2	COMM3	COMM4	COMM5	COMM6	COMM7	COMM8	COMM9	COMM10			COMM13	COMM14	PWRB	MSM
	1	2	3	4	5	6	7	8	9	10	11	12	13	14	15	16	17	18	19	20	21	22	23	24	25	26	27	
6	PWRB		SMEM				MP				MP		COMM1	COMM2	COMM3	COMM4									PEPD	MON	PWRB	SNM

续表

层	1	2	3	4	5	6	7	8	9	10	11	12	13	14	15	16	17	18	19	20	21	22	23	24	25	26	27	
5	PWRB		CKI	SYCK			SYCK																				PWRB	BNET
4	1	2	3	4	5	6	7	8	9	10	11	12	13	14	15	16	17	18	19	20	21	22	23	24	25	26	27	
3	CFM																											

层	1	2	3	4	5	6	7	8	9	10	11	12	13	14	15	16	17	18	19	20	21	22	23	24	
2	PWRS	CFBI	CFBI	CFBI	CFBI	CFBI	CFBI	CFBI	CFBI		CDSN/CPSN		CDSN/CPSN	CKCD	CKCD	CFBI	CFBI	CFBI	CFBI	CFBI	CFBI	CFBI	CFBI	PWRS	BCN
1	CFM																								

　　CSM 的硬件实体与 MPM 不同，机架分成了七层，被两个模块共用。第七层是 MSM 模块，仅有一控制单元，包括一对主处理器和若干对模块间通信板，实现 MPM 与 MSM 及 MSM 与 SNM 的通信，其余六层为 SNM 模块。

　　第六层为交换网络模块的控制层，包括一对主处理器；一对模块间通信板，实现 SNM 和 MSM 的通信；一对模块内通信板，实现控制 T 网接续。

　　第五层为网层，目前只用于安插时钟同步单元。

　　第二层为交换网层。中心交换网络单元和中心光纤接口单元属于该层，用于实现不同模块间的互连和时隙的交换。

　　第一、三层为风扇层。

　　第四层暂时不用。

　　在下一小节中，我们将详细讲解 CSM 的单元与单板的工作过程。

3.4 CSM 的单元和单板

知识导读

掌握 CSM 的单元和单板。

在多模块组网的网络中，通过交换网络模块（SNM）和消息交换模块（MSM）的不同功能来实现语音和信令处理的不同通道。MSM 仅在处理消息信令的时候起作用。对于 SNM 而言，它主要完成模块间语音和信令的交换。它的大容量交换能力通过中心交换网络实现。

3.4.1 中心交换网单元

3.4.1.1 概述

1. 中心交换网单元功能

在多模块系统中，中心交换 T 网不能被孤立地看待，必须与 MPM 模块内交换网和其他交换网结合起来分析才有意义。中心 T 网在系统中实际上起到一个网互连的路由作用（即空间交换）。从系统网结构上看，在总体上组成了一个单 T–单 T–单 T（即 T–T–T）结构的大容量时分无阻塞交换网，如图 3.4–1 所示。

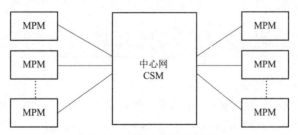

图 3.4–1 中心交换网结构

在一般配置情况下，由中心网单 T 无阻塞交换网总交换时隙数达 64 K×64 K 的交换网。为保证可靠性，交换平面都由一对主备用交换网板组成。64 K 网的接续由一对 MP 和若干 COMM 板通过 512 kb/s HDLC 链路进行控制。其结构图如图 3.4–2 所示。

对于 SNM 而言，它主要完成模块间语音和信令的交换。它的交换能力通常要比 MPM 的 DDSN 网大得多，一般使用 64 K 的交换网。它一共能提供 128 条 HW 线，每条 HW 线的速率是 32 Mb/s，64 K SNM 模块的 64 K 网由若干通信板进行主备控制接续，64 K 网通过通信板与 SNM 进行模块内通信，SNM 占用 64 K 网的一条 32 Mb HW（HW47）的 4 条 2 M 时隙；64 K 网通过另一些通信板与消息交换模块（MSM）通信，MSM 占用 64 K 网的一条 32 Mb HW（HW63）。除了两条 HW 线 HW47 和 HW63 用于模块间和模块内通信外，其余的 HW 线都通过中心光纤接口板（CFBI）实现 SNM 和 MPM 的模块连接。

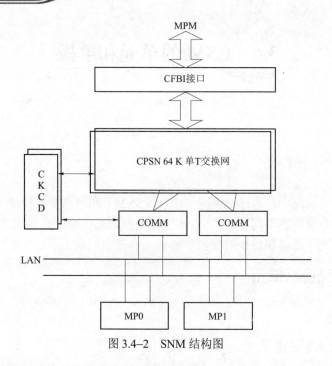

图 3.4–2　SNM 结构图

2. 单元位置

64 K SNM 模块结构如表 3.4–1 所示。

表 3.4–1　64 K SNM 模块结构

1	2	3	4	5	6	7	8	9	10	11	12	13	14	15	16	17	18	19	20	21	22	23	24
P W R S	C F B I	C F B I	C F B I	C F B I	C F B I	C F B I	C F B I	C F B I	C P S N		C P S N	C K C D	C K C D	C F B I	C F B I	C F B I	C F B I	C F B I	C F B I	C F B I	C F B I		P W R S

中心交换网单元位于中心架的第二层，其包括：

（1）CPSN。中心数字交换网板；完成 64 K 时隙交换，并以 32 Mb HW 的方式向外提供，该板同时完成 32 Mb HW 的驱动隔离功能；CPSN 提供 128 条 32 Mb HW。

（2）CKCD。时钟及模块间通信驱动板。

3. HW 线的分配

T 网的交换容量为 64 K×64 K，共有 128 条 32 Mb/s 的 HW 线。其中 HW47 用于模块间消息通信，通过 CKCD（13、14 板位）板实现速率变换，分成 32 条 1 Mb HW 线，分别接入 MSM 的各 COMM 板。HW63 用于模块内的消息通信和 SNM 的通信板相连。

T 网其他的 HW 线分别通过中心光纤接口板与 MPM 的 FBI 板连接，用来实现模块间的连接。

一般习惯配置如下：

HW0～15（共 16 条）对应第一对 CFBI 板（第 2、3 槽位）。

HW16～31（共 16 条）对应第二对 CFBI 板（第 4、5 槽位）。

HW32～46、HW48（共 16 条）对应第三对 CFBI 板（第 6、7 槽位）。

HW49~62（共 14 条）对应第四对 CFBI 板（第 8、9 槽位）。

HW64~79（共 16 条）对应第五对 CFBI 板（第 15、16 槽位）。

HW80~95（共 16 条）对应第六对 CFBI 板（第 17、18 槽位）。

HW96~111（共 16 条）对应第七对 CFBI 板（第 19、20 槽位）。

HW112~127（共 16 条）对应第八对 CFBI 板（第 21、22 槽位）。

HW47 用于模块间消息通信。

HW63 用于模块内的消息通信。

3.4.1.2　中心数字交换网板（CPSN）

CPSN 是单 T 结构的时分无阻塞交换网，提供容量 64 K×64 K 时隙交换能力，PCM 总线速度为 32 Mb/s，采用主备用工作方式。处理 126 条 32 M 话路 HW，32 条 2 M 通信 HW（模块间和模块内），另外 CPU 直接提供 2 条 2 M 有 HDLC 协议的通信 HW 用作接续。所有的模块内通信将直接由本板去 COMM 板。接路消息由 MP 发至 COMM 板。COMM 板将之同时转发给主备用交换网，以保证主备用交换网的接续完全相同。其控制方式同 MPM 中的 MP 对交换网的控制相同。

3.4.1.3　时钟及模块间通信驱动板（CKCD）

CKCD 时钟及模块间通信驱动板位于 SNM 互联网层（64 K TS）BCN，它将 SYCK 提供的 16 M、16 M 8 K 时钟，经倍频产生 64 M、64 M 8 K、32 M、32 M 8 K 时钟分配驱动后供中心交换网板和中心光接口板两种单板使用。另外，所有的模块间通信将直接由本板驱动分配去 COMM 板。当 COMM 板为 2 M HW 接口时，CKCD 板完成 2 M HW 线由单端驱动变为差分驱动或由差分驱动变为单端驱动给 COMM 板，并完成供给通信板 4 M 与 8 K 时钟的分发。

3.4.2　中心架光接口单元（CFBI）

3.4.2.1　CFBI 板功能

CFBI 板作为 64 K 网的中心光纤接口板，利用同步复分接技术和光纤传输技术来完成 MPM 和 SNM 之间的互连。

每一对主备用 CFBI 板对应 16 条 32 M HW 线，可以分成 16 条 4 个 8 M HW 提供 4 个光接口和 MPM 的光纤接口板 FBI 相连。因此中心架光接口板 CFBI 与 MPM FBI 板对接时，采用一拖四的方式，即一块 CFBI 可以同时接四个模块的 FBI，CFBI 板不仅完成四路 FBI（每路 16 条 8 M HW）共 64 条 8 M HW 的点对点的传输，还要完成 8~32 M，32~8 M 的复接分接，从而实现 SNM 和 MPM 连接，完成多模块的组网。

CFBI 板在系统中的位置如图 3.4-3 所示。

3.4.2.2　主备用热备份工作控制

CFBI 板在 SNM 上的主备用热备份工作示意图可如图 3.4-4 所示。工作时，其主备用中心光接口板均输入待复接和已复接的 64 路 8.192 Mb/s 的 PCM 码流，而对主备用板由 64 条 8 M HW 复接的 16 条 32 M HW 是否输出则取决于当前 CFBI 板是否工作于主用状态。对于处

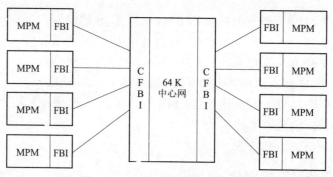

图 3.4-3　CFBI 板在系统中的位置

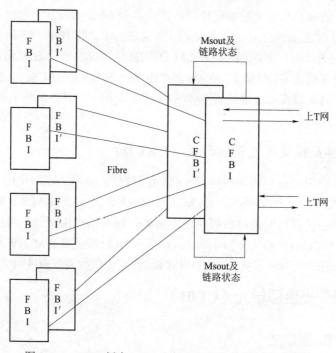

图 3.4-4　CFBI 板在 SNM 上的主备用热备份工作示意图

于备用工作状态的 CFBI 板，其输出端三态隔离，处于主用工作状态的 CFBI 板让其输出由 64 条 8 M HW 复接的 16 条 32 M HW 和 8 K 的时钟。

引起主备倒换的原因主要有：

（1）当前板上 32 M，8 K 时钟故障；

（2）手动主备倒换；

（3）软件倒换。

CFBI 板与以前的 FBI 板的主备倒换控制有很大差别，由于 CFBI 板在光链路上是一对四，因此主备倒换的标准不同。

自动倒换的条件只有一个，当主用的 CFBI 板链路正常的数目小于备用板链路正常的数目时，由软件检测并主备倒换。

允许倒换的条件是（包括手动倒换和 MP 发命令实行软件倒换）主用的 CFBI 板链路正常的数目等于备用板链路正常的数目。

由上述可知，CFBI 的对端 FBI 板是无法进行主备倒换的，FBI 只能接收 CFBI 板发来的主备用状态信号来确定自身的主备用状态。因此，当 CFBI 发生倒换时，相对应的 N 对 FBI 板（$N \leq 4$）均进行倒换。同时，主备两块 CFBI 板还要互相发本板链路状态信号，确保 CPU 能实时检测到对端板链路状态，从而确定 CFBI 板的倒换条件。

3.4.3　多模块组网时的双通道结构

3.4.3.1　消息通道

当多模块组网时，MPM 和 CSM 的消息通信主要由 MPM 的控制层和 MSM 模块的控制层完成。

假设 CSM 想向某一相连的 MPM 发一消息，其通信通道如图 3.5-5 所示。

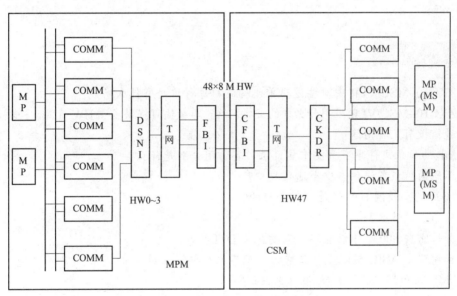

图 3.4-5　CSM 与 MPM 的通信通道

其通信通道为：

MP（MSM）→MPMP（MSM）→CKDR→T 网（CPSN）→CFBI→FBI→T 网（DDSN）→DSNI（MP 级）→MPMP（MPM）→MP（MPM）。

3.4.3.2　语音通道

我们在前面已经知道了 MPM 的语音通道。如果不同模块间需要建立语音通道，则其唯一区别就在于需要 SNM 的中心交换网提供一个连接。

图 3.5-6 所示为一个组网连接。假设 MPM1 需要和 MPM2 建立起语音通道，则其语音通道为：

DTI（MPM1）→DSNI（SP）→DDSN（MPM1）→FBI（MPM1）→CFBI→CPSN→CFBI→FBI（MPM2）→DDSN（MPM2）→DSNI（SP）→DTI（MPM2）

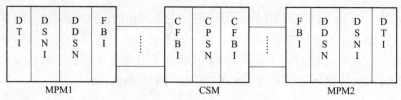

图 3.5-6　MPM 与 CSM 的连接

 本章小结

　　本章节向大家介绍了 ZXC10-MSC/VLR 的硬件结构,包括逻辑单元的构成和物理单板的使用。对于一个交换系统而言,控制单元、交换网络单元、外围接口单元必不可少;另外,系统正常工作还需要时钟的支持,这些就构成了交换机。每个单元所完成的功能落实到各种不同的单板去完成。学完本章节,读者应该对 ZXC10-MSC/VLR 的硬件有一个全面、具体和深刻的认识。

 思考题

　　1. ZXC10-MSC/VLR 由哪些逻辑单元构成?每种单元有什么功能?

　　2. ZXC10-MSC/VLR 采用什么样的交换网络?单模块可提供多少 HW 资源、多少模块呢?

　　3. 通信板有几种用途?

　　4. MP 的目录文件中有哪些重要目录?其作用分别是什么?

　　5. 不同通信板各提供多少个通信端口?

　　6. 16 K 的交换网 HW 线是如何分配的?

　　7. 双通道是什么?

　　8. 如果需要 800 个中继电路,需要几块 DTI 板?

　　9. 如何确定 ASIG 板配成什么样的功能单元?举例说明。

　　10. MP 级和 SP 级的 DSNI 有什么区别?

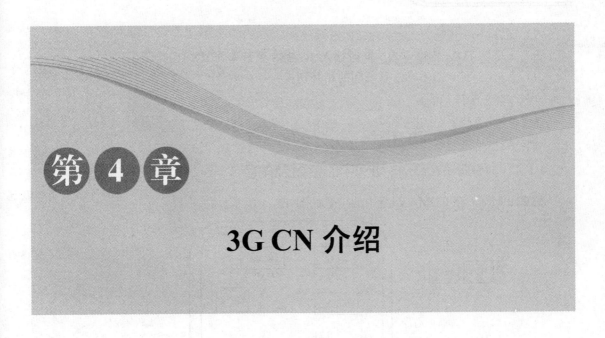

第4章

3G CN 介绍

4.1　MSCe 概述

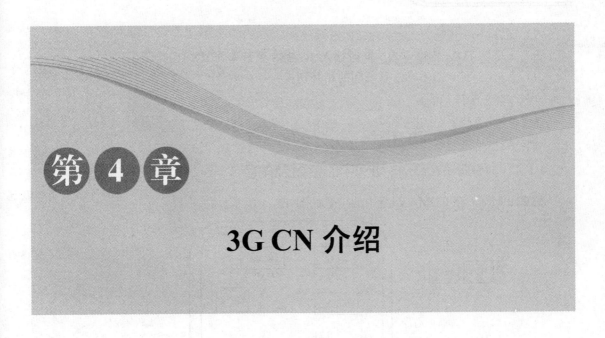知识导读

掌握 MSCe 的功能及系统性能。

4.1.1　MSCe 功能概述

ZXC10–MSCe 是多种逻辑功能实体的集合，提供综合业务的呼叫控制、连接以及部分业务功能，是 LMSD 核心网中提供电路域实时语音/数据业务呼叫、控制业务的核心设备。

根据网络规划，ZXC10–MSCe 可充当拜访 MSCe（VMSCe）、关口 MSC（GMSCe）、汇接 MSCe（TMSCe）或功能合一的 MSCe。

ZXC10–MSCe 的主要设计思想是业务和控制、呼叫和承载分离，各实体之间通过标准的协议进行连接和通信。

MSCe 的主要功能包括以下几部分：

（1）支持控制和承载的分离；

（2）支持移动用户的移动性管理；

（3）支持呼叫控制功能；

（4）支持安全保密功能；

（5）MGW 上 H.248 终端及其他特殊资源的控制和管理功能；

（6）兼容 ANSI–41 网络功能；

（7）支持以 IP 传输方式接入 3G BSS 系统；

（8）支持以 TDM 传输方式，同时接入 3G BSS 系统和 95/1X BSS 系统；

（9）支持呼叫在 2G 和 3G 系统间的相互切换；

（10）支持 WIN 功能；

（11）支持与其他网络的互通；

（12）提供计费功能或计费接口。

4.1.2　MSCe 系统在移动网中的位置及角色

ZXC10 MSCe 在 CDMA 网络中的位置如图 4.1-1 所示。

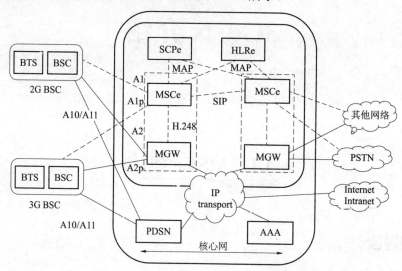

图 4.1-1　MSCe 在 CDMA 网络中的位置

4.1.3　MSCe 系统性能

4.1.3.1　参考负荷

呼叫处理：1.8 处理/用户/忙时；

移动性管理：2 处理/用户/忙时；

切换：1.35～2 处理/用户/忙时，其中 MSCe 局间切换为 0.05～0.1 处理/用户/忙时；

短消息：2 处理/用户/忙时；

局间中继参考负荷：0.7 Erl/线；

忙时试呼次数：57/忙时/来话电路。

4.1.3.2　话务模型

平均用户通话时长：60 s；

本局 M–M 呼叫：4%；

出局呼叫：48%；

入局呼叫：48%。

4.1.3.3　处理性能

最大支持 200 万用户；

最大呼叫处理能力为 5 400 kb HCA；

最大支持 1 024 条 64 K 信令链路，或者 72 条 2 M 信令链路，128 条 SCTP 偶联。

4.1.3.4　可靠性指标

使用寿命为 20 年；

固有可靠性 MTBF：MTBF 小于等于 100 000 h；

致命故障时间间隔 MTBCF：MTBCF 大于 150 000 h。

4.1.4　MSCe 系统特性

4.1.4.1　组网特性

组网特性是指 ZXC10 MSCe 在与其他网元组成移动通信网络方面的特性。ZXC10 MSCe 组网方式灵活多变，可以作为端局、关口局或合一局组网，SGW 既可以内置在 ZXC10 MSCe 中，也可以内置在 ZXC10 MGW 中。

同时，根据不同的需求，ZXC10 MSCe 的系统容量也可以灵活配置、平滑扩容。ZXC10 MSCe 灵活的组网方式得益于：

（1）提供开放的标准协议接口。

（2）对外提供丰富的物理接口，包括 E1/T1、STM–1/OC–3、10/100 Base–TX、1 000 Base–FX、STM–1/OC–3 POS 接口。

（3）具有完备的信令协议处理能力，可以处理 SS7、IOS、SIGTRAN、H.248、SIP–Γ、DSS1 和随路信令 CAS，方便和其他网元的对接。

ZXC10 MSCe 优势在于其支持：

（1）2G/3G 混合组网；

（2）与 SS7 信令网、WIN 网络、NGN、WCDMA 等其他网络互通；

（3）255 个 BSC 子系统；

（4）16 个信令点，因此可支持 16 个 MGW；

（5）1+1 的自动容灾解决方案。

4.1.4.2　符合标准信令接口的互通特性

系统的互通特性是指系统采用标准的协议接口，与其他厂商的通信设备或系统对接的能力。

ZXC10 MSCe 采用标准的协议接口，具有良好的互联互通能力，能够很方便地和其他厂商的通信设备或系统对接。

它具有以下接口：

1. A1 接口

支持 2G BSC 的接入，接口类型为 TDM。

2. A1p 接口

支持 3G BSC 的接入，其接口类型为 IP。

3. 13 接口

MSCe 与 PSTN 之间的信令接口，其接口类型为 TDM。

4. 14 接口

MSCe 与 MAP TIA/EIA–41 之间的 MAP 信令接口，其接口类型为 TDM。

5. 39/xx 接口

MSCe 与 MGW 之间的信令接口，其接口类型为 IP。

6. zz 接口

MSCe 与 MSCe 之间的信令接口，其接口类型为 IP。

4.1.4.3　操作方便特性

ZXC10 MSCe 采用基于 Windows 2000 AS 操作系统和 SQL Server 数据库的 ZXCOMC 统一网络管理系统。操作系统和数据库系统都是通用、常见的系统，便于用户操作。

ZXC OMC 操作方便、功能完善，能够很直观地实现对系统内网元的管理。

（1）采用图形化的管理界面。

（2）基于对象管理，提供和上级网管的标准 Corba 接口，实现网管的集中管理维护。

（3）提供远、近端多种接入系统方式，既可以本地操作维护，也可以通过网络系统进行远程操作维护；既可以维护整个系统，也可以对特定的实体进行操作维护。

（4）具有性能管理、安全管理、业务观察、信令跟踪、配置管理、版本管理、故障管理等功能。提供多种操作维护手段，操作准确、可靠、实用、方便。能根据网络实际运行状况和用户需求，增加相应的功能。

（5）安全性好，采用多级权限保护。

（6）具有广泛的在线帮助功能。

4.2　MGW 概述

知识导读

掌握 MGW 的功能及性能配置。

4.2.1　MGW 功能概述

MGW 可向外部网元提供符合 3G PP2 的标准接口，主要功能是实现 CDMA2000 内部，3G 与 2G 之间，CDMA2000 与 PSTN 之间的语音、多媒体业务的互通，提供多种音资源、会议电话功能，还可以支持扩展的 VoIP 业务，并可集成 SGW 功能，将信令转交至其他如 MSCe 等网元。根据网络规划，该网元可配置为端局 MGW、关口局 MGW（G–MGW）或两者功能合一的 MGW。

MGW 的主要功能包括：

（1）在 34 接口终结 PSTN 的承载。

（2）在 27 接口终结无线网络承载接口。

（3）在 yy 接口采用包交换网络承载媒体流。

（4）媒体网关功能，目前仅限于支持语音和电路数据媒体流的终结。

（5）支持网络侧的媒体流之间的交换。

（6）支持不同类型的媒体流格式的转换。

（7）通过接口 39 和 xx 受控于其他网络实体。

（8）MGW 与 MGW 之间的 yy 接口支持 IP 承载。

（9）在 27 和 34 接口支持 IWF 功能。

（10）支持在媒体流间播放通知、放音以及会议功能。

（11）支持 TFO 和 TrFO 操作。

（12）支持 RTO，在 MGW 上进行两端承载码型转换操作。

4.2.2　MGW 系统在移动网中的位置及角色

MGW 为核心网中的分组环境和 PSTN 网络中的电路交换环境提供承载业务支持，提供语音编解码的声码器功能，提供调制解调器 MODEM/IWF 功能（在电路音频 modem 音和数字音频字节流之间相互转换），也提供终结 PPP 连接的能力。

MGW 在 CDMA 网络中的位置如图 4.2–1 所示。

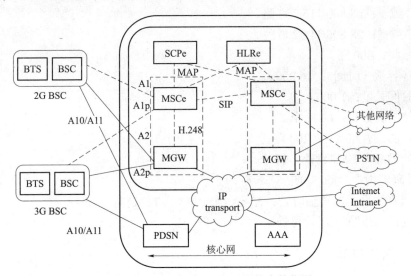

图 4.2–1　MGW 在 CDMA 网络中的位置

4.2.3　MGW 系统性能

4.2.3.1　话务模型

用户集中比为 33:1。

4.2.3.2　单板性能

DTB（数字中继板）：32 条 E1。

SDTB（光数字中继板）：63 条 E1。

MRB（媒体资源板）：480 路音。

TSNB（T 网交换板）：256 K 电路交换网板。

TFI（TDM 光接口板）：256 K 交换接口。

VTC（声码器）：处理 420 路语音。

IPI（IP 接口板）：处理 4 000 路 RTP 话路。

SIG_IPI（信令 IP 板）：处理 30 M 信令流量。

SPB（窄带信令接口板）：128 条 64 K（或 4 条 2 M）链路。

SMP（信令处理板）：64 条 64 K 或 2 条 2 M 七号信令流。

4.2.3.3 系统性能及配置

用户容量：2 000 000 个。

最大话务量：60 000 Erl。

IP 交换容量（一级交换）：10 G/20 G/40 G/80 Gb/s。

T 网交换容量（时隙）：64 K/128 K/192 K/256 K。

最大中继数量（电路）：28 800/115 200 路。

最大 TC 数量：28 800/115 200 路。

最大 EC 数量：28 800/115 200 路。

DTMF 数量：400 路。

最大放音容量（时间）：16 000 s。

单条音时间长度：1 000 s。

最多存储的音数目：64 K 个。

同时支持的放音路数：7 200 路。

支持连接的最大 BSS 数量：24 个。

H.248 处理能力：2 000 呼叫/s。

IP 媒体流在本网元的传输时延：25 ms 经过一次 VTC 延时 20 ms。

时钟精度：二级钟/三级钟可选。

4.2.3.4 同步指标

同步时钟：二级时钟 A 类。

时钟最低准确度：$\pm 4 \times 10^{-7}$。

牵引范围：$\pm 4 \times 10^{-7}$。

最大频偏：10^{-9}/天。

初始最大频偏：5×10^{-10}。

时钟工作方式：快捕、跟踪、保持、自由运行。

时钟同步链路接口要求：

入端信号抖动与漂移$\geqslant$1.5 UI，20～2 400 Hz。

出端信号抖动与漂移$\leqslant$1.5 UI，20～10 000 Hz；或者$\leqslant$0.2 UI，18 000～100 000 Hz，1 UI＝488 ns。

4.2.3.5 可靠性指标

使用寿命为：20 年。

固有可靠性 MTBF：MTBF≥100 000 h。

致命故障时间间隔 MTBCF：MTBCF 大于 150 000 h。

4.2.4 MGW 系统特点

4.2.4.1 组网特性

组网特性是指 ZXC10 MGW 在与其他网元组成移动通信网络方面的特性。ZXC10 MGW 组网方式灵活多变，可以作为端局、关口局或合一局组网。SGW 既可以内置在 ZXC10 MSCe 中，也可以内置在 ZXC10 MGW 中。同时，根据不同的需求，ZXC10 MGW 的系统容量也可以灵活配置、平滑扩容。

MGW 灵活的组网方式得益于：

（1）提供开放的标准协议接口。

（2）对外提供丰富的物理接口，包括 E1/T1、STM–1/OC–3、10/100 Base–TX、1 000 Base–FX、STM–1/OC–3 POS 接口。

（3）具有完备的信令协议处理能力，可以处理 SS7、IOS、SIGTRAN、H.248、TP、随路信令 CAS，方便和其他网元对接。

ZXC10 MGW 优势在于其支持：

（1）2G/3G 混合组网。

（2）与 SS7 信令网、WIN 网络、NGN、WCDMA 等其他网络可以互通组网。

（3）24 个 BSS 子系统。

（4）1+1 的自动容灾解决方案。

4.2.4.2 符合标准信令接口的互通特性

系统的互通特性是指系统采用标准的协议接口，与其他厂商的通信设备或系统对接的能力。ZXC10 MGW 采用标准的协议接口，具有良好的互联互通能力，能够很方便地和其他厂商的通信设备或系统对接。

它具有以下接口：

（1）39/xx 接口。

MGW 与 MSCe 之间的信令接口，其接口类型为 IP。

（2）yy 接口。

MGW 与 MGW 之间的接口，其接口类型为 IP。

（3）A2 接口。

支持 2G BSC 的接入，接口类型为 TDM。

（4）A2p 接口。

支持 3G BSC 的接入，其接口类型为 IP。

（5）34 接口。

MGW 与 PSTN 之间的信令接口，其接口类型为 TDM。

4.2.4.3 操作方便特性

ZXC10 MGW 采用基于 Windows 2000 AS 操作系统和 SQL Server 数据库的 ZXCOMC 统一网络管理系统。操作系统和数据库系统都是通用、常见的系统，便于用户操作。ZXCOMC 操作方便、功能完善，能够很直观地实现对系统内网元的管理。

（1）采用图形化的管理界面。

（2）基于对象管理，提供和上级网管的标准 Corba 接口，实现网管的集中管理维护。

（3）提供远、近端多种接入系统方式，既可以本地操作维护，也可以通过网络系统进行远程操作维护；既可以维护整个系统，也可以对特定的实体进行操作维护。

（4）具有性能管理、安全管理、业务观察、信令跟踪、配置管理、版本管理、故障管理等功能。提供多种操作维护手段，操作准确、可靠、实用、方便。

（5）能根据网络实际运行状况和用户需求，增加相应的功能。

（6）安全性好，采用多级权限保护。

（7）具有广泛的在线帮助功能。

4.3 3G CN 系统组网

知识导读

掌握 3G CN 系统及应用方式。

4.3.1 概述

3G CN 有多种应用方式：

（1）MSCe 作为 VMSCe，负责疏通本 MSCe 控制区内 MS 各种业务。

（2）MSCe 作为 GMSCe，同 PSTN、PLMN 互通，负责疏通移动网和其他移动网络、PSTN 间的业务。

（3）MSCe 作为 V/GMSCe，既疏通本 MSCe 控制区内 MS 的各种话务，又负责疏通与 PSTN 间的业务。

（4）MSCe 作为单独 GMSCe，负责疏通移动网与 NGN、WCDMA 间的业务。3G CN 网络的结构如图 4.3-1 所示。

接入的 RAN 可以是 2G 的 BSS 和 3G 的 RNC，PLMN 可以是 GSM/WCDMA 或 IS-95 系统。

4.3.2 本地网应用方式

下述三种本地网应用方式，其差别主要是由 SGW 的位置引起的，分别是：MSCe 内置 SGW、MGW 内置 SGW、外置 SGW 所带来的组网和应用方式的不同，都可以实现与 SS7 信令网、PSTN/ISDN/现有 PLMN 的互通，可以通过 H.323 网关实现与 H.323 网络的互通。

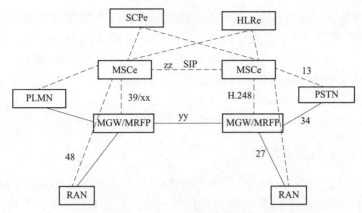

图 4.3-1 3G CN 网络的结构

此外，MSCe 可以内置 SSF、SRF Server 功能，通过内置或外置的 SGW 与 SCF 互通，通过 H.248 控制 MGW，从而实现与 WIN 的互通。

4.3.2.1 ZXC10–MSCe 内置 SGW

在这种方式中，信令网和承载网络完全分离，2G BSS 和 3G BSS 分别通过 E1 和 IP 接入到 MGW 中，信令采用直连的方式接入到 MSCe 中，分别传送 BSSAP 和 RANAP 信令，如图 4.3-2 所示。

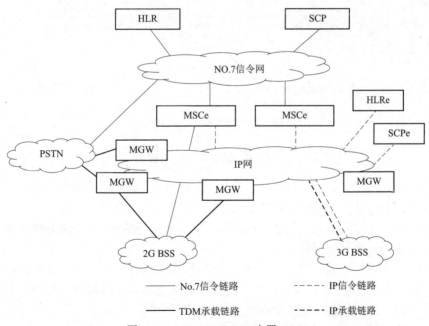

图 4.3-2 ZXC10–MSCe 内置 SGW

MGW 之间通过 IP 网连接，组成承载网络，疏通相互间的话务。MSCe 也需要同 IP 网连接，传送 MSCe 与 MGW 间的 H.248 信令以及 MSCe 间的 SIP 信令。

MSCe 与 No.7 信令网连接，实现到 HLR、SCP 和 PSTN 的信令互通。对于具有 IP 信令端口的 HLRe、SCPe 设备，MSCe 可以直接通过 SIGTRAN 与其进行互通。

PSTN 通过 E1 与 MGW 进行连接，疏通移动网络与 PSTN 网络间的话务。

这种组网方式，要求 MSCe 实现的接口比较多，要能够同时支持 PCM、IP 信令接口，因此需要实现内置 SG 功能。对 MGW 要求比较低，需要实现承载层接口（E1 接口、IP 接口），信令接口需要实现 IP 信令接口。

小规模网络，MSCe 可以同时做 GMSCe 和 VMSCe。

4.3.2.2　MGW 内置 SGW

在这种方式中，2G BSS 和 3G BSS 分别通过 E1 和 IP 接入到 MGW 中，MGW 内置 SGW 实现 BSS 与 MSCe 间的信令互通。同时，MGW 通过 E1 与 PSTN 互通，疏通与 PSTN 间的话务，MGW 内置 SG，实现 PSTN 与 MSCe 间的信令互通，如图 4.3-3 所示。

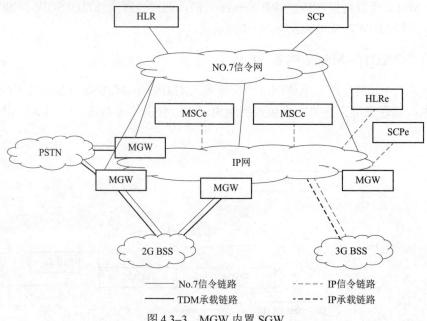

图 4.3-3　MGW 内置 SGW

MGW 同时与 NO.7 信令网互通，转发 MSCe 与 HLR、SCP 间的信令。对于具有 IP 信令端口的 HLRe、SCPe 设备，MSCe 可以直接通过 SIGTRAN 与其进行互通。

MGW 之间通过 IP 网连接，组成承载网络，疏通相互间的话务。MSCe 也需要同 IP 网连接，传送 MSCe 与其他网元间的信令。

这种组网方式对 MSCe 要求比较简单，只需要实现 IP 信令接口。对 MGW 要求比较高，不仅需要实现各种承载层接口（E1 接口、IP 接口），还需要实现各种信令接口，必须内置 SG 功能，实现 MSCe 与其他各网元的信令互通功能。

小规模网络，MSCe 可以同时做 GMSCe 和 VMSCe。

4.3.2.3　外置 SGW

在这种方式中，2G BSS 和 3G BSS 分别通过 E1 和 IP 接入到 MGW 中，BSS 通过外置

SG 实现与 MSCe 间的信令互通，如图 4.3–4 所示。

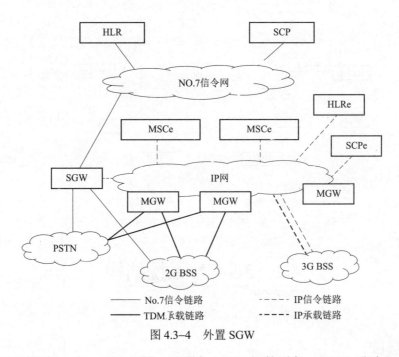

图 4.3–4　外置 SGW

同时 MGW 通过 E1 与 PSTN 互通，疏通与 PSTN 间的话务。PSTN 通过 SG 与 MSCe 信令互通。

MGW 之间通过 IP 城域网连接，组成承载网络，疏通相互间的话务。MSCe 也需要同 IP 网连接，传送 MSCe 与其他网元间的信令。

这种组网方式，由于外置 SGW 设备，因此对 MSCe 的要求就比较简单，只需要实现 IP 信令接口。对 MGW 要求也比较低，需要实现承载层接口（E1 接口、IP 接口），信令接口需要实现 IP 信令接口。

小规模网络，MSCe 可以同时做 GMSCe 和 VMSCe。

4.3.3　3G CN 长途网应用方式

本地网应用方式中，本地 MSCe 作为 GMSCe 时主要连接 SS7，以便本地网和 PSTN、2G 的移动网（包括 GSM）以及 WIN、H.323 网络的互通。

当本地网需要和 NGN 互通时，本地 MSCe 需要连接到单独的 GMSCe，由它负责完成本地 MSCe 和 Softswitch 之间的信令转接，这样就构成了长途网。

GMSCe 与本地 MSCe 之间采用 SIP 信令，与 SS 之间采用 SIP 信令，核心网的 MGW 与 NGN 的 MGW 之间为 IP 承载。GMSCe 负责 MSCe 和 SS 之间的控制层信令互通。

图 4.3–5 中，本地网采用 MGW 内置 SGW 功能，疏通 MSCe 与 PSTN、BSC、NO.7 信令网间的信令话务。

各本地网的 MSCe 之间、与 GMSCe 之间通过 IP 网络进行互通。各地 IP 网可以通过国家或省骨干网进行互通。

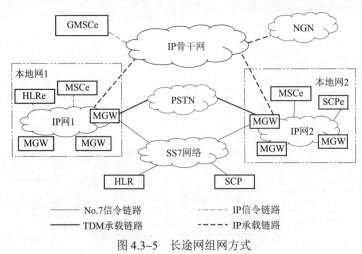

No.7信令链路 ⎯⎯⎯ IP信令链路 - - - - -
TDM承载链路 ⎯⎯ IP承载链路 - - - -

图 4.3–5　长途网组网方式

4.4　3G CN 系统结构

知识导读

掌握 3G CN 系统的结构及其子系统。

4.4.1　3G CN 的统一硬件平台

核心网 3G 的硬件平台具有模块化的特点，不论 MGW、MSCe 还是 HLRe 都具有相同或相似的硬件子系统。这些子系统分别是资源子系统、控制子系统、核心包交换子系统和核心电路交换子系统。

4.4.2　资源子系统

4.4.2.1　子系统功能

资源子系统在 3G CN 核心网中用于承载物理接口板和业务处理板，是系统中应用最广泛的一个物理和逻辑载体。其主要功能是将各种外围接入方式集中或转换成系统所需的电路或数据 IP 流或控制 IP 流，也包含对系统资源的分配和承载。在子系统中交换的信号包括 TDM、控制流以太网、媒体流以太网、时钟、其他控制信号。图 4.4–1 所示为资源子系统的原理框图。

4.4.2.2　BUSN

BUSN 是资源子系统中的背板，能广泛混插各种物理接口板和业务处理板。BUSN 上有 2 个 UIM 板槽位，15 个业务单板槽位，如表 4.4–1 所示。

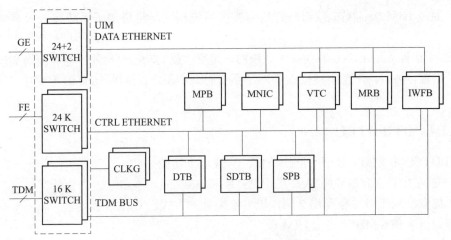

图 4.4-1　资源子系统的原理框图

表 4.4-1　BUSN 槽位安排

1	2	3	4	5	6	7	8	9	10	11	12	13	14	15	16	17
GE 槽位				普通 2×100 M 槽位				主控槽位		普通 2×100 M 槽位				CLKG 槽位		普通 1×100 M 槽位

主控槽位 9、10：不能混插其他任何业务单板，只能插 UIM 单板。

GE 槽位 1～4：如果业务单板需要配置 1 000 M 媒体流以太网接口，则只能插在此槽位。这些槽位的 GE 口是否可用，取决于 UIM 是否能提供该 GE 口。当然，该槽位可以混插其他业务单板。

普通 2×100 M 槽位 5～8、11～14：可以插业务单板如 DTB、MNIC、VTC、MPB、IWFB、SDTB。

CLKG 槽位 15 和 16：优先插 CLKG 单板，不能混插，需对外提供 E1/T1 接口的单板（如 DTB），但可以混插 SDTB 单板。

普通 1×100 M 槽位 17：备用单板。

4.4.2.3　UIM

UIM 是子系统的交换单元，在系统中实现二级交换。

UIM 板的 TDM 总线上，连接了 DTB、SDTB、SPB、IWFB 板。

UIM 的媒体流以太网上，连接了 IWFB、MRB、VTC、MNIC 板。

UIM 的控制流以太网上，连接了上述各板及主处理板 MPB。

UIM 板还实现与其他子系统的互连功能：

（1）通过 UIM 板与核心 T 网子系统相连，将资源子系统的 16 K 时隙接入核心 T 网的大容量电路交换。

（2）通过 UIM 板上控制流以太网的 4 个 100 M 口与信令控制子系统相连，实现信令的集中处理和集中控制（当控制面流量较大时，2 个子系统也可通过 UIM 提供的 GE 口相连。

（3）通过 UIM 板的 GE 口与核心包交换子系统相连，将资源子系统接入大容量的包交换网。

当 UIM 单板应用于不同的功能子系统时，其所承载的功能可能不一样，因而需模块化设计、灵活配置。例如，在连接到核心 T 网子系统时，不需要板上的 16 K 时隙交换，该功能可不配置。

4.4.2.4　DTB/DTEC

DTB/DTEC 是 E1/T1 数字中继接口板，实现以下功能：

（1）提供 32 路 E1/T1 的接入，连接 PSTN 和 BSC。

（2）提取网同步时钟驱动出 2 路，以 8 K 帧脉冲方式送 CLKG 板。

（3）通过 8 条 8 MHW 线上 UIM 板。

（4）可选的 480/960 路回声消除功能。

（5）通过 10 M 以太网口连 UIM 的控制以太网。

（6）另有 RS485 接口接到 UIM 板。

4.4.2.5　光数字中继板 SDTB/ESDT

SDTB 是 STM–1 光中继板，提供 1 路 155 M SDH 的接入。SDTB 和 ESDT 的唯一区别是 EC 功能。ESDT 可以选择配置 EC 功能。

SDTB/ESDT 板的功能有：

（1）支持回声消除 EC 功能。

（2）支持局间随路信令方式 CAS 和共路信令 CCS 通道透传。

（3）支持从线路提取 8 K 同步时钟，通过电缆传送给时钟电路板作为时钟基准。

（4）支持主备：支持点到点 1+1（主备）、1:1（负荷分担）、单纤环以及双单纤环 1+1 等。

（5）多种灵活的组网功能。

4.4.2.6　媒体资源板 MRB

媒体资源电路板实现电路交换侧的 480 路媒体资源功能，具体有如下功能：

（1）提供 480 路 Tone/Voice、DTMF Detection/Generation、MFC Detection/Generation、Conference Call 的资源功能，实现每组 3 方～120 方的任意配置。

（2）各种业务功能以 120 路为一基本子单元，软件可按子单元为单位进行配置。

（3）DTMF、MFC 收号结果通过控制流以太网上报至控制中心。

4.4.2.7　语音码型变换板 VTCD

完成网络侧 64 kb/s PCM 时隙数据与空中接口压缩比特流的转换，支持现阶段的 SMV、EVRC、QCELP、G.723.1、G.729、G.711 等编解码功能，每板处理能力 480 路，可以平滑升级至每板 960 路。

4.4.2.8　网络互通功能板 IWFB

IWFB 板的功能如下：

（1）按照 IS–707–A.4 标准，支持 9.6 kb/s 或 14.4 kb/s 以下各速率异步电路数据/G3 数字传真业务。

（2）支持对 PPP、ISLP 等协议的处理。

（3）每板至少能处理 120 路，并可兼容将来的 240 路。

4.4.2.9 MNIC

MNIC 是系统的网络接口单板及分组数据协议处理单板，对外部网络提供 1 个千兆口，或者 4 个 FE 口，或者 2～4 个 STM–1 的 POS 接口等，实现小于 1G 速率的高速分组数据的接入，将这些接口过来的数据统一打成 IP 包，通过 1 个千兆口或者 4 个 FE 口送至交换单元。

功能及应用范围：

（1）对于 IP 数据要实现接口数据的分类、IP 路由分发。

（2）根据系统要求，实现 3G 移动网络控制面信令的一些预处理，例如信令分类转发、信令内容解析和转换等。

（3）根据系统要求，实现 3G 移动网络用户面协议的一些预处理等。

（4）实现一些标准的 IP 协议处理，包括 PPP、NAT、隧道协议、IPsec、VPN、ACL、头压缩等。

4.4.3 核心包交换子系统

4.4.3.1 子系统功能

核心包交换子系统在 3G CN 核心网中用于提供大容量的包交换，采用背板 BPSN 构成。它为产品内部各子系统之间以及产品互连的外部功能实体间提供必要的数据传递通道，用于完成包括定时、信令、语音业务、数据业务等在内的多种数据的交互，以及根据业务的要求，根据不同的用户提供相应的 QoS 功能。

子系统的主要功能有：

（1）分组数据的路由交换。对进入子系统的分组数据进行实时路由、转发决定处理，包括封装/解封装、分类、查表、统计、修改等操作。

（2）支持 IPv4/IPv6 第三/四层 IP 包处理、IP 包过滤。

（3）具有良好的分组数据调度、流量管理功能，提供满足需要的 QoS 能力。

（4）特殊的数据业务处理。子系统除了分组数据的路由转发这一基本功能外，还可以根据需要完成一些特殊的分组数据处理，如加密功能。

（5）根据需要提供不同种类的逻辑和物理接口，高速的包处理能力。

图 4.4–2 所示为核心包交换子系统的原理框图。

核心包交换的结构为 CrossBar + 线卡，采用高速交换背板的形式。线卡 GLI/PLI 在完成物理接口数据路由转发决定处理后，通过背板的高速交换连接将数据发送到 Crossbar 交换网 PSN，交换到对应的 GLI/PLI 板，完成处理后从物理接口发送出去。当 3G CN 的容量较大时，依靠核心交换结构来实现平滑扩容。线卡可直接对外部网络提供丰富的高速接口，对内部连接主要提供多个 GE 以太网接口来承载 IP。各线卡及 PSN 的控制流汇集到子系统的主控板 UIM。

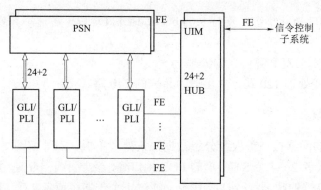

图 4.4-2　核心包交换子系统的原理框图

核心包交换子系统和其他子系统的互连：

（1）通过 GLI 连接资源子系统。

（2）通过 UIM 连接信令控制子系统。

4.4.3.2　BPSN

BPSN 为核心包交换子系统的背板，将 PSN、GLI/PLI、UIM 等单板连接到一起，形成核心包交换子系统。

BPSN 完成的功能包括：

（1）背板提供 256 条用于交换的高速差分信号连接对，每对高速信号最高数据传输速率达 3.125 Gb/s，整个背板的交换能力达 320 Gb/s。

（2）提供高速光纤备份通道。

（3）提供以太网连接作为控制通道。

（4）提供其他的控制信号连接。

（5）同步时钟的接收、分发。

（6）向各单板提供设备号（局号）、机架号、机框号、槽位号、背板类型和背板版本。

（7）向各单板提供 −48 V、−48 V GND、GNDP、GND 等电源、地信号；提供以太网、同步时钟、RS232 串口等电缆接口。

BPSN 机框的 17 个槽位相对固定，槽位如表 4.4-2 所示。

表 4.4-2　BPSN 的槽位安排

槽位号	1	2	3	4	5	6	7	8	9	10	11	12	13	14	15	16	17
	GLI #0	GLI #1	GLI #2	GLI #3	GLI #8	GLI #9	PSN #0	PSN #1	GLI #10	GLI #11	GLI #4	GLI #5	GLI #6	GLI #7	UIM	UIM	

&说明：

PSN 固定插在 7、8 槽位，可以是主备工作方式或负荷分担工作方式；

UIM 板固定插在 15、16 槽位；

1～6，10～14 这 12 个槽位插 GLI/PLI 板#0～11；#0～1，#2～3，#4～5，#6～7，#8～9，

#10～11 配对的 GLI/PLI 板可以工作在主备方式，也可以独立工作；

17 槽位根据需要可以插 MNIC 板。

4.4.3.3　IP 分组交换网板 PSN8V 及 PSN4V

PSN8V 是核心包交换子系统的核心，是其他所有子系统的业务数据交汇点。PSN8V 交换板完成各线卡间的分组数据交换。它是一个自路由的 Crossbar 交换系统，提供一个 80 G 的用户数据交换容量。

PSN4V 和 PSN8V 仅仅是交换芯片数量不同，PSN4V 实现 40 G 的用户数据交换容量。

PSN8V 一般用于 30 G 以上的系统，30 G 及 30 G 以下的系统一般使用 PSN4V 或下述的 PSN1V。

4.4.3.4　GE 线路接口板 GLI

GLI 是 4 个千兆以太网的线路接口板，实现资源框或外部网元业务数据的接入、处理，主要完成物理层适配、IP 包查表、分片、转发和流量管理功能。处理能力定位为双向 2.5 Gb/s 线速处理转发，1 K 个流的流量管理。

GLI 实现 QoS 保证，能够对业务数据进行队列调度、流量管理等功能，并且能够区分不同业务数据的优先级。

4.4.4　信令控制子系统

4.4.4.1　子系统功能

信令控制子系统在 3G CN 核心网中用于承载信令处理板、协议处理板，由背板 BCTC 构成，主要完成控制面媒体流的汇接和处理，并在多框设备中构成系统的分布式处理平台。

信令控制子系统也用于单独构成信令网关等设备。图 4.4-3 所示为信令控制面子系统的原理框图。

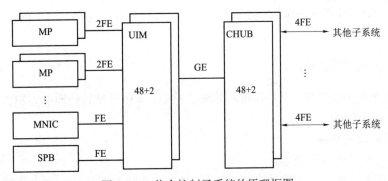

图 4.4-3　信令控制子系统的原理框图

SPB 完成 SS7 的接入及 MTP2 的处理，MNIC 完成 IP 信令的接入、分发；上层信令由 UIM 交换给若干对 MP 来处理，MP 还完成呼叫控制及操作维护功能，由 CHUB 来实现控制面的跨子系统汇接。

信令控制子系统和其他子系统的互连：

通过 CHUB 板的 100 M 以太网口和资源子系统、核心 T 网子系统、核心包交换子系统的 UIM 相连，每一个子系统的 UIM 用 4 个 100 M 口汇聚为一个 400 M 连到 CHUB。当控制面流量较大时，2 个子系统也可通过 UIM 提供的 GE 口相连。

4.4.4.2　BCTC

BCTC 为信令控制子系统的背板。信令控制子系统是系统的分布式处理平台，BCTC 机框应尽可能多地设置主控单板槽位，并尽可能地考虑到与 BUSN 的兼容设计，保证单板充分混插的需求。

槽位设计：设立 2 个主交换单板槽位，15 个业务单板槽位。其中：主交换槽位 9、10 不能混插其他任何业务单板，只能插 UIM 单板，承担控制框的数据和控制以太网到各槽位的交换通路；普通槽位 1～8，11～12 可以插入主控单板 MP，信令接入处理板 SPB、MNIC；时钟槽位 13～14 可以插入时钟板 CLKG，也可以在 13 槽位插入 SPB 板；汇接槽位 15～16 可以插 CHUB 板，也可以插 1 块 SPB 板；独立槽位 17 可以插入独立的 CHUB 单板，实现第二套控制以太网互连，也可以插入 SPB 或者单 CPU 的 MPB 板。各槽位没有媒体流以太网。

4.4.4.3　SPB

SPB 板具有以下一些功能：

（1）板处理 SS7 信令 MTP2 层及以下部分。

（2）提供 16 路 E1/T1 接口，可直接对外连接。

（3）通过 4 对 8M HW 的接入，处理由 DTB/SDTB 接入并经 T 网交换来的 SST 信令。

（4）提取出网同步时钟，以 2 路 8 K 方式送 CLKG 板。

（5）支持局间随路信令方式 CAS 的插入/提取。

4.4.4.4　MNIC

信令控制子系统中的 MNIC 处理的是控制流信息，即 IP 信令的接入、处理及转发，一般也不需要 GE 及 POS 接口。

4.4.4.5　主处理板 MPB

MPB 是系统的主处理板，作为分布式处理的核心，具有很强的处理能力和大容量的内存，另外还提供了丰富的外设接口。

MPB 板完成以下功能：

（1）上层信令、协议的处理。

（2）呼叫控制的处理，实现移动性管理及 VLR 分布式数据库；实现系统控制及 OMC。

为提高单板的处理能力，MPB 板设计了两套 Pentium Ⅲ CPU 单元在一块单板上，来分担处理送到 MPB 的数据。两套 CPU 单元之间并没有主从的关系，在软件层面上相对独立，可以看作在一块单板上完成两块单板的功能。两套 CPU 单元在硬件上几乎完全一致，并连接到板上的公共逻辑电路。

4.4.4.6　CHUB

CHUB 在信令控制子系统中用于汇接资源子系统、核心包交换子系统、核心 T 网子系统及其他信令控制子系统的控制面以太网数据流：

板上有两个 24×100 M+2×1 000 M 的交换以太网，两个以太网之间采用一个 GE 接口相连，构成一个 48×100 M+2×1 000 M 的以太网。

对外提供 46 个 100 M 以太网接口和其他子系统的 UIM 相连，对内可以提供 1 个 GE 接口，用于与本框内的 UIM 相连。

主备 CHUB 之间提供一个 100 M 互联以太网口。

4.4.5　核心 T 网子系统

4.4.5.1　子系统功能

核心 T 网子系统在 ZXC10 3G CN 中用于实现大容量的电路交换网，由背板 BCSN 构成，它主要完成电路域的交换功能，用于构架大容量的 MGW。子系统能够实现从 64～256 K 交换容量平滑扩容的 T 网交换，包括 128 K、192 K。核心 T 网子系统的原理框图如图 4.4–4 所示。

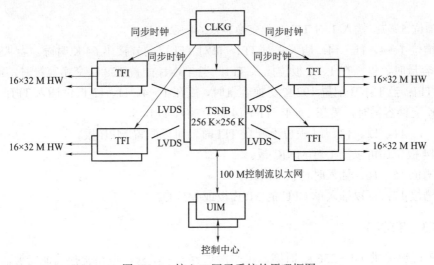

图 4.4–4　核心 T 网子系统的原理框图

TSNB 板提供 64～256 K 可平滑扩容的电路交换功能；TFI 处于子系统的接口处，实现 TSNB 与资源子系统的 UIM 之间的 HW 接口功能，可向外接出 64 K 时隙；UIM 作为子系统的控制流以太网交换；CLKG 提供本层各板所需 32 M 及 32 M 8 K 时钟，并为整个系统提供同步时钟。

核心 T 网子系统和其他子系统的互连：

通过 TFI 连接资源子系统；通过 UIM 连接信令控制子系统。

4.4.5.2　BCSN

BCSN 是核心 T 网子系统的背板，完成子系统内各板之间的信号连接，为各功能单板提供承载。

当 MGW 小容量应用时，TSNB 配置成 64 K 的交换即可，这时，TFI 只占 2 个槽位，同时，MPB 使用的数量也很少，可以考虑将信令控制子系统的 MPB、MNIC 插到 BCSN 中，这样可以节省 BCTC 框。正是出于这样的考虑，BSCN 的槽位设计如表 4.4–3 所示。

表 4.4–3　BCSN 的槽位安排

1	2	3	4	5	6	7	8	9	10	11	12	13	14	15	16	17
TFI	TFI	TFI/MPB	TFI/MPB	TSNB		TSNB		UIM	UIM	TFI/MPB	TFI/MPB	TFI/MPB/MNIC	TFI/MPB/MNIC	CLKG	CLKG	MPB/MNIC

主控槽位 9、10：不能混插其他任何业务单板，只能插 UIM 单板，承担控制流的交换通路。

T 网槽位 5、7：插入 1 对 TSNB，交换容量 64～256 K。

接口槽位 1～4、11～14：插入 4 对 TFI，每对 TFI 可向外接出 64 K 时隙。当 TSNB 配置 64 K 交换容量时，仅需在 1、2 板位插入 TFI；当 TSNB 配置 128 K 交换容量时，需在 1～4 板位插入 TFI；当 TSNB 配置 192 K 交换容量时，需在 1～4、11、12 板位插入 TFI；当 TSNB 配置 256 K 交换容量时，需在 1～4、11～14 板位插入 TFI。

当 3、4、11、12、13、14 板位不配置 TFI 时，可以配置 MPB 板。

13、14 板位还可以插 1 对 MNIC 板。

时钟槽位 15～16：插入时钟板 CLKG。

独立槽位 17：可以插入单 CPU 的 MPB 板或 MNIC。

4.4.5.3　TSNB

TSNB 能够提供 64～256 K 时隙，可平滑扩容、无阻塞，电路交换功能能够满足 ISDN 所要求的 $n{\times}64$ kb/s 非连续时隙一致性交换。

TSNB 以子卡的方式实现 64 K、128 K、192 K、256 K 交换容量的平滑扩容。交换网的接续由 MPB 通过控制面以太网进行控制，接路消息由 MPB 同时转发给主备用交换网，以保证同一时刻主备用交换网的接续完全相同。

4.4.5.4　TDM 光接口板 TFI

TFI 处于核心 T 网子系统的 TSNB 和资源子系统的 UIM 之间，为两个子系统之间高速 TDM 信号的连接提供桥接作用，TFI 与 TSNB 间的连接为 8 条 576 M（净荷 512 M）的 LVDS 信号，共 64 K 时隙；TFI 与资源子系统 UIM 间的连接为 8 条 622 M 多模光纤，每条光纤可承载 512 M 的 TDM 净荷，8 K 时隙。因此，1 对主备 TFI 板，可以连接 4 个资源子系统的 UIM。

主备 TFI 与主备 TSNB 间的 LVDS 连接采用交叉互连的方式,而与资源子系统中 UIM 间的光纤连接采用平面直连的方式。

4.4.5.5 时钟产生板 CLKG

CLKG 为整个 3G CN 中需要同步时钟的单元提供全局同步时钟。CLKG 的时钟源可以是 BITS 时钟、线路提取时钟和 GPS 时钟。从中选择一路基准进行时钟同步锁相,并进行时钟的分发。

CLKG 提供 10 套(8 K、32 M、64 M)时钟给核心 T 网子系统的单板使用,同时,CLKG 对外提供 15 套系统时钟(包括:PP2S、8 K、16 M)至其他子系统,采用电缆传送。

4.5 单板类型汇总

 知识导读

掌握单板类型。

ZXC10 3G CN 核心网系统中使用的物理单板以及所对应的逻辑单板如表 4.5–1 所示。

表 4.5–1 单板类型

逻辑单板	单板名称	物理单板	是否支持带电插拔
CHUB	控制面互连板	CHUB	支持
CLKG	时钟产生板	CLKG	支持
SIPI USI IPI	信令 IP 接口板 通用服务器接口板 IP 接口板	MNIC	支持
OMP SMP	操作维护处理板 业务处理 MP 板	MPx86	支持
CIB	计费接口板	CIB	支持
SPB	信令处理板	SPB	支持
PWRD	电源分配板	PWRD	不支持
UIMU UIMT UIMC	BUSN 框通用接口模块 TSNB 用户框通用接口模块 BUSN 框通用接口模块	UIM/2	支持
MRB	媒体资源板	MRB	支持
VTCD	语音码型变换板	VTCD	支持

续表

逻辑单板	单板名称	物理单板	是否支持带电插拔
DTB	数字中继板	DTEC	支持
DTEC	回波抑制数字中继板		
SDTB	光数字中继板	SDTB	支持
ESTD	带回声抑制光数字中继板		
TSNB	T网交换板	TSNB	支持
TFI	TMD 光接口板	TFI	支持
PSN	分组交换网板	PSN4V	支持
GLI	千兆线路接口板	GLIQV	支持

4.6　3G CN 的系统结构

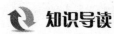 **知识导读**

掌握 3G CN 的系统结构。

4.6.1　MSCe 的系统结构

4.6.1.1　系统总体结构

MSCe 采用 ALL−IP 架构和软交换的设计思想，实现多模块分布式处理，具有组网灵活、扩展性好、处理能力强、可靠性高的特点。MSCe 对外提供丰富的标准接口，易与其他设备对接；还可内置 SG（Signaling Gateway）的功能，灵活配置，满足不同的应用需要。

MSCe 系统的总体结构如图 4.6−1 所示。

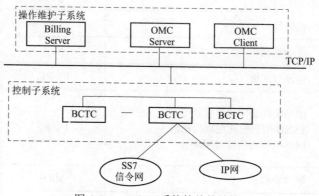

图 4.6−1　MSCe 系统的总体结构

MSCe 由以下两部分组成：

1. 前台部分

控制子系统是构成 MSCe 的基础。根据系统容量的要求，可以使用一个或多个控制子系统。系统容量的扩充可通过简单的子系统叠加来实现。

控制子系统，承载背板为 BCTC，完成系统控制流的汇接，实现信令、协议的分布式处理功能。

2. 后台部分

提供操作维护管理功能，包括计费、合法监听、数据维护、软件版本升级等，同时提供至网管中心和计费中心的接口。

4.6.1.2　系统硬件结构

1. 接入单元

接入单元提供对外的各种接口，将 MSCe 接入 SS7 信令网和 IP 网，实现和 RNC、BSC、MGW 的连接以及与 PSTN、PLMN 的互通。

接入单元包括 SPB 和 MNIC 板，实现 L1 物理接口和与之相关的 L2 协议处理。

1）SPB（SS7 信令处理板）

提供 16 条 E1/T1 的接入和 SS7 的 MTP2 协议处理，将 MTP3 以上的消息作为净荷载，封装在内部消息中，通过 UIMC 分发到各个 SMP 进行处理。

SPB 支持从线路提取 8 kHz 同步时钟，并送给时钟板作为时钟基准。

2）MNIC

多功能网络接口板，MNIC 电路板逻辑标识为 SIPI。

对外提供 4 个 FE 接口，IP 信令消息接入后，进行 SCTP/IP 协议栈处理，处理后将上层信令消息，通过 UIMC 分发给各个 SMP 进行处理。反方向的处理过程刚好相反。

2. 交换单元

交换单元将接入单元和处理单元连接在一起，实现系统内控制面以太网的交换。交换单元包括 UIMC 板和 CHUB 板。

1）UIMC（通用接口模块板）

UIMC 实现子系统内部的控制面以太网交换，并提供子系统互连的 FE 接口。

2）CHUB（控制流集线器板）

CHUB 对外提供 46 个 FE 接口，完成各子系统之间的控制面汇接，构成大容量的 MSCe 系统。

3. 处理单元

处理单元是 MSCe 的核心，完成上层信令的处理，实现 MSCe 的业务功能。处理单元包括若干不同功能的主处理板 MPB 模块，具体如下：

1）OMP（操作维护处理单元）

OMP 实现操作维护功能，提供控制子系统与后台 OMC 服务器之间的以太网接口。

2）RPU（路由处理单元）

RPU 完成路由协议 RIP/OSPF/BGP 的处理。

3）SMP（业务处理单元）

SMP 完成上层 SS7 信令和 IP 信令的处理，保存 VLR 数据，实现 MSCe 的业务功能。

4）CIB（计费接口板）

CIB 接收 SMP 的原始计费数据 CDR，缓存后通过以太网接口发送给后台的计费服务器。

4. 时钟单元

时钟单元为 MSCe 中需要同步时钟的单元提供全局同步时钟。时钟单元包括 CLKG 板，实现 BITS 时钟接入、线路提取时钟接入、时钟同步锁相、时钟分发功能。全局时钟拓扑如图 4.6–2 所示。

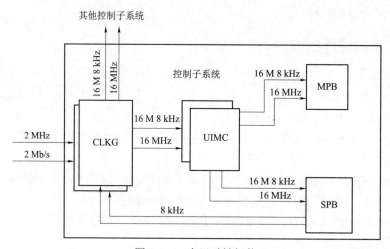

图 4.6–2　全局时钟拓扑

主备用 CLKG 将来自 SPB 的时钟基准 8 kHz 帧同步信号或来自 BITS 系统的 2 MHz/2 Mb/s 信号，作为本地的时钟基准参考，经过锁相和驱动之后，对外提供 15 路 16 M 8 kHz、16 MHz 时钟，向各子系统的主备用 UIMC 提供时钟信号。

4.6.2　MGW 的系统结构

4.6.2.1　MGW 功能结构

在 3G CN 中，MGW 的功能框图如图 4.6–3 所示。

MGW 通过数字中继单元连接 2G BSC、PSTN、其他 PLMN 等，通过 IP 接入单元上 IP 网连接 MSCe、其他 MGW 等，还可以通过 SS7 信令单元连接七号信令网，实现内置 SGW 的功能。ZXC10–MGW 中，既有电路交换单元，又有 IP 交换单元，两者之间通过声码器单元实现语音在电路域和 IP 域的互通，媒体资源单元实现 MRFP 的功能，整个系统由信令及主控模块来集中控制。

4.6.2.2　MGW 硬件结构

在 3G CN 中，MGW 的硬件原理框图如图 4.6–4 所示。

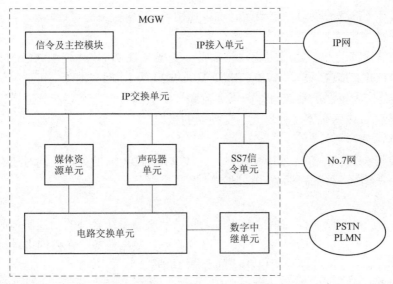

图 4.6-3　MGW 的功能框图

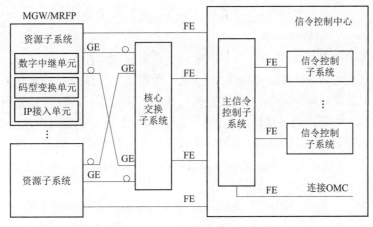

图 4.6-4　MGW 的硬件原理框图

　　MGW 由资源子系统、核心交换子系统和信令控制子系统组成。若干个信令控制子系统构成了系统的控制中心。其中,主信令控制子系统汇接其他子系统的控制面,并连接到 OMC。

　　MGW 以可平滑扩容的交换子系统为核心,充分考虑了目前及以后 ALL-IP 的电路型、分组型语音业务的接入,也充分考虑了传统的电路型数据业务的接入。

　　MGW 按逻辑功能划分,可分为数字中继单元、码型变换单元、交换单元、IP 接入单元、控制面处理单元和时钟单元。每个单元中还预留了一套 RS485 控制总线,作为告警及监控的专用通道。

　　1. 数字中继单元

　　数字中继单元实现 PSTN 或 2G BSC 的话路或电路域数据业务的接入,包含接口部分、以太网交换部分和 TDM 总线部分。接口部分提供 E1/T1、SDH155 等电路接口;以太网交换部分作为该单元与外部控制流的接口,主要起到通道连接作用,提供中继接口单板要处理的信令流和系统对各单板进行控制、配置、维护、管理的命令和参数通道;TDM 总线部分作为数字中继单元与交换网的接口，主要起到连接作用。

2. 码型变换单元

码型变换单元实现业务处理功能，包含码型变换（TC），媒体资源（Conference Call、Tone/voice、DTMF、MFC 等），IWF（T.30，V.90/V.34 等），回声消除（可选）等，同时还有以太网交换部分作为资源子系统与外部媒体流和控制流的接口，主要起到通道连接作用；另外，TDM 总线部分作为码型变换单元与交换网的接口。

3. IP 接入单元

IP 单元接入 STM-1、FE、GE 等接口，完成 RTP/UDP/IP 的处理，同时还有以太网交换部分作为资源子系统与外部媒体流和控制流的接口。

4. 交换单元

交换单元为产品系统内部各个功能实体之间以及产品系统之外的功能实体间提供必要的数据传递通道，用于完成包括定时、信令、语音业务、数据业务等在内的多种数据的交互以及根据业务的要求、不同的用户提供相应的 QoS 功能。

交换单元能为系统提供从 64～256 K 电路时隙交换和 10 G、40 G、80 G 的包交换。

5. 控制面处理单元

控制面处理单元组成了信令控制子系统，主要完成控制面媒体流的汇接和处理，并在多框设备中构成系统的分布处理平台。

控制面处理单元包括控制处理部分、以太网交换部分和 TDM 总线部分。控制处理部分完成控制面媒体流的汇接和处理，完成呼叫控制、数据缓存、信令、资源和协议的处理，完成 SS7 的 MTP-2 协议处理和 IP 域协议的处理以及完成操作维护功能。以太网交换部分采用两套以太网的方式，一套提供各资源单板的媒体流通路，主要交换资源单板要处理的业务流；另外一套提供资源单板要处理的信令流和系统对各单板进行控制、配置、维护、管理的命令和参数通道。TDM 总线部分作为与交换网的接口，主要起到连接作用。

6. 时钟单元

系统的时钟单元为整个 MGW 中需要同步时钟的单元提供全局同步时钟，实现 BITS 时钟接入、线路时钟提取、时钟同步锁相、时钟分发功能，由 CLKG 单板完成。时钟单元示意图如图 4.6-5 所示。

CLKG 的时钟基准可以是 BITS 的 2 M 或 2 MHz 时钟，也可以是 DTB/SDTB/DTEC 板提取的线路 8 K 时钟。

CLKG 为 T 网子系统的 TSNB、TFI 提供 32 M 及 32 M 8 K 同步时钟信号。

CLKG 为其他子系统的 UIM 提供 16 M 及 16 M 8 K 同步时钟信号，再由 UIM 将时钟信号分发给子系统内的各个单板。

4.6.3　HLRe 的系统结构

4.6.3.1　系统总体结构

HLRe 系统采用 HLRe 与 AUC 合设的系统结构，采用 ALL-IP 架构和软交换的设计思想，在设计过程中充分考虑了系统的高可靠性、高可用性和数据的一致性，并采用灵活的多级多模块化的设计结构，扩容方便。

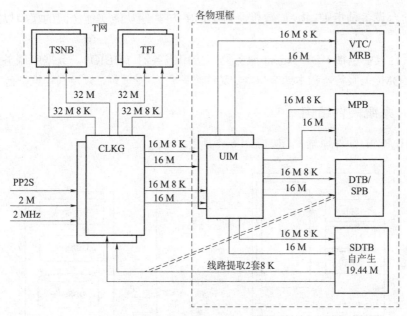

图 4.6-5　时钟单元示意图

HLRe 系统总体结构如图 4.6-6 所示。

HLRe 由以下五部分组成：

（1）前置机部件。

（2）HDB Agent 部件。

（3）应用服务器部件。

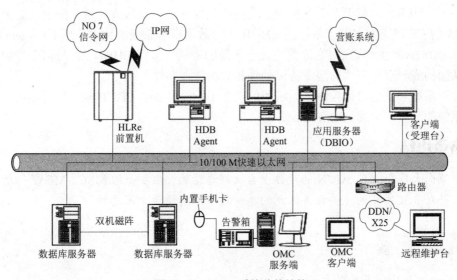

图 4.6-6　HLRe 系统总体结构

（4）受理台部件。

（5）操作维护部件。

（6）数据库服务器。

HLRe 前台设备是指 HLRe 前置机，是 HLRe 与其他功能实体之间的接口以及核心业务处理模块。

HLRe 后台设备包括 HDB Agent 服务器、应用服务器（DBIO）、数据库服务器系统、操作维护中心（OMC）服务器和本地客户端（又称维护台）、受理台，以及远程维护台（可选）等。

4.6.3.2 系统硬件结构

3G CN HLRe 的硬件原理框图如图 4.6–7 所示。

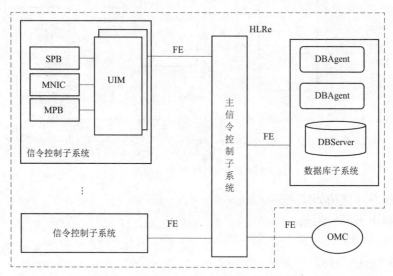

图 4.6–7 3G CN HLRe 的硬件原理框图

硬件上，HLRe 由若干个信令控制子系统和数据库子系统构成。每个信令控制子系统都通过 UIM 的 FE 口连到主控子系统的 CHUB 上，数据库子系统的数据代理 DBAgent 和数据库服务器 DBServer 也都通过 FE 连到主控子系统的控制以太网 CHUB 上，与信令控制子系统一起，共同构成一个分布式的信令协议处理和数据管理系统。

主控子系统和其他信令控制子系统的区别在于：仅仅多了 CHUB 板，通过该板，实现对其他子系统的汇接，并接到 OMC 系统。

本章小结

本章节向大家介绍了 3GCN 的硬件平台及网络结构，主要介绍 MSC、MGW 的结构及组网方式，并对 3GCN 中的主要设备网元的单板集中汇总便于大家总结。

思考题

1. MSC 系统的特点是什么？
2. MGW 主要的功能特性是什么？
3. GCN 硬件平台中包括哪些子系统？
4. GCN 中哪些单板是主备复用的？

第5章

七号信令系统

5.1 七号信令系统的基本概念

知识导读

掌握七号信令系统分层结构、七号信令网络结构、七号信令消息结构。

5.1.1 概述

七号信令系统是现代通信网的关键技术之一，运用在不同的网络中，不仅可以用来传送电话网和综合业务数字网中电路接续所需的局间信令，而且在移动通信网中的各通信实体间传送与用户漫游有关的各种位置信息，还在智能网的各业务实体间传送智能业务信息。七号信令网也成为国家重点发展的支撑网之一。学好七号信令对理解移动通信中的各种信令相关问题非常重要。

5.1.2 信令相关概念

5.1.2.1 信令的定义

建立通信网的目的是为用户传递包括语音信息和非语音信息在内的各种信息，因此在各设备之间就会交互各种各样的"信息"，使网中的设备能够协调动作。我们把设备之间传递的这些信息称为信令。通俗一点说，信令就是设备之间的"语言"，用来交流各自的状态和目的。

5.1.2.2 信令分类

信令的分类方法很多，常用的有以下几种：

1. 按照信令的传递区域分类

根据传递的信令所在位置不同，信令分为用户线信令和局间信令。

（1）用户线信令：用户话机和交换机之间传送的信令，如摘挂机信令、拨号音、忙音信令等，这类信令的最大特点是少而且简单。

（2）局间信令：交换机与交换机间，或交换机与网管中心、数据库之间传送的信令。这类信令比用户线信令数量要多得多，而且复杂得多。图5.1-1所示为用户线信令和局间信令的划分。

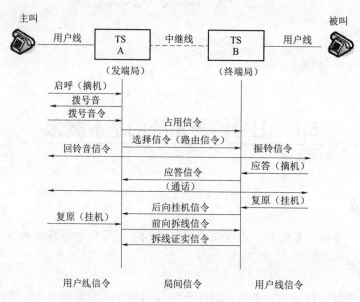

图 5.1-1　用户线信令和局间信令的划分

2. 按照信令传递通道与话路之间的关系分类

该划分将信令分为随路信令和共路信令。

（1）随路信令：用于传递语音信息的通道用来传送该话路有关的各种信令，或某一信令通路唯一地对应于一条话路（信道）。中国一号就是典型的随路信令。

（2）共路信令（公共信道信令）：将传送信令的通路与传送语音的通路分开，将信令集中在一条双向的信令链路上传递，NO.7信令属于公共信道信令。

3. 按功能分类

根据信令所传递或完成的功能不同，信令可分为线路信令、路由信令和管理信令。

（1）线路信令：具有监视功能，用来监视主、被叫的摘挂机状态及设备的忙闲，因此又叫监视信令。

（2）路由信令：具有选择路由的功能，如主叫所拨的被叫号码，又称选择信令。

（3）管理信令：具有可操作性，用于电话网的管理与维护，又称维护信令。

5.1.2.3 七号信令系统优缺点分析

1. 优点

（1）信道利用率高。一条七号链路理论上可以为数以万计的话路提供服务，即使充分考虑冗余量之后，所服务的话路数目仍可以达到 2 000～3 000 条。与之形成鲜明对比的是，随路信令中，一个复帧（含 16 帧）的 15 个 TS16 时隙（首帧的 TS16 用于复帧同步）仅能传送 480（16×30）条话路的信息。

（2）传递速度快。七号信令直接采用数字形式传送信息，4 个比特就能表示一位数字，大大优于随路信令。而随路信令属于收发互控信令，发送持续时间长，一个信令只能包含一个数字，如被叫号码为 8 位，则发端局发送 8 位被叫号码，就需要 8 个信令收发周期，实际要持续几秒钟的时间。

（3）信令容量大。七号信令采用消息形式传送信令，编码十分灵活；消息最大长度为 272 个字节，内容非常丰富。中国一号信令的前向信令只有 15 种不同的组合，后向信令只有 6 种不同的组合。要为用户提供多种复杂的业务，就需要大量的信令信息，中国一号显然不能满足要求。

（4）应用范围广。七号信令不但可以传送传统的电路接续信令，还可传送各种与电路无关的管理、维护和查询等信息，是 ISDN、移动通信和智能网等业务的基础。

（5）由于信令网和通信网相分离，因此便于运行维护管理。

（6）技术规范可以方便地扩充，可适应未来信息技术和未知业务发展的要求。

2. 缺点

由于七号信令系统中的一条链路可以为上千条话路提供服务，因此要求链路的可靠性相对于随路信令就高得多，一旦某条信令链路出现问题，相应的话路就将受到影响。

5.1.3 七号信令网

公共信道信令的基本特点是传送语音的通道和信令的通道相分离，有单独的传送信令的通道，将这些传送信令的通道组合起来，就构成了信令网。

NO.7 信令系统控制的对象是一个电路交换的信息传送网络，但 NO.7 信令本身的传输和交换设备构成了一个单独的信令网，是叠加在电路交换网上的一个专用的计算机通信网。

5.1.3.1 基本概念

1. 信令网的组成

信令网通常由三部分构成，它们分别是信令端接点 SEP（Signaling End Point）、信令转接点 STP（Signaling Transfer Point）和信令链路 SL（Signaling Link）。

1）信令端接点（SEP）

信令点是处理控制消息的节点，产生消息的信令点为该消息的起源点，消息到达的信令点为该消息的目的信令点。

2）信令转接点（STP）

具有信令转发功能，能将信令消息从一条信令链路转送到另一条信令链路的信令节点称为信令转接点。

信令转接点分为综合型和独立型两种，独立型的信令转接点只具有转接功能；综合型除具有转接功能之外，还具有用户部分。综合型信令转接点又叫信令端/转接点（SETP）。

3）信令链路（SL）

两个信令点之间传送信令消息的链路称为信令链路。直接连接两个信令点的一组链路构成一个信令链路组。

2. 信令点编码 SPC

为了便于信令网的管理，国际和各国的信令网是独立的，每个信令网具有自己的信令编码规则。国际上采用 14 位的信令点编码，我国采用 24 位的信令点编码。因此，信令点不具有国际统一性。

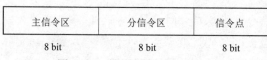

主信令区	分信令区	信令点
8 bit	8 bit	8 bit

图 5.1–2　我国信令点编码格式

我国的 24 位信令点编码格式如图 5.1–2 所示。

主信令区原则上以省、自治区、直辖市为单位统一编排。

起源信令点编码为 OPC，目的信令点编码为 DPC；OPC 和 DPC 都是一个相对的概念，跟消息的发送方向有关。

3. 信令点连接方式

所谓信令点连接方式，是指信令消息所取的通路与消息所属的信令关系之间的对应关系。在信令网内有直连式和准直连之分。

1）直连工作方式

两个信令点之间的信息，通过直接连接两个信令点的信令链路传递，如图 5.1–3 所示。

2）准直连工作方式

属于某信令关系的消息，在传递过程中，要经过一个或几个信令点转接，但通过信令网的消息所取的通路在一定时间是预先确定和固定的。如图 5.1–4 所示，凡是从 A 到 B 点的信令信息全部通过 C 点转接，这条通路是确定的。

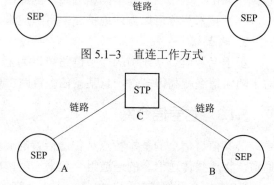

图 5.1–3　直连工作方式

图 5.1–4　准直连工作方式

4. 信令路由

信令路由是从起源信令点到目的信令点所经过预先确定的信令消息传送路径。按路由特征和使用方法可以分为正常路由和迂回路由两类。

1）正常路由

正常路由是指未发生故障的正常情况下的信令业务流的路由。

2）迂回路由

因信令链路或路由故障造成正常路由不能传送信令业务流而选择的路由称为迂回路由。按经过的信令转接点的个数，依次分为第一迂回路由、第二迂回路由等。

当到一个信令点有多个路由时，有直达信令链路的路由作为正常路由。如无直达信令链路，则正常路由为信令路由中最短的路由。如果正常路由故障，则选择迂回路由时依次选第一迂回路由、第二迂回路由。

正常信令路由的设定如图 5.1–5 所示。

5.1.3.2 信令网结构

1. 网络介绍

信令网按结构可分为无级信令网和分级信令网。它们的区别在于无级信令网没有信令转接点的概念，所有信令点直联，当信令点多时，它就变得非常复杂，不适合实际的信令网使用。分级信令网是我们目前采用的信令网构成方式，它的网络容量大，设计简单，扩容方便，适合现代通信网络的发展。

我国信令网分三级：高级信令转接点（HSTP）、低级信令转接点（LSTP）和信令点（SP）。具体的结构如图 5.1–6 所示。

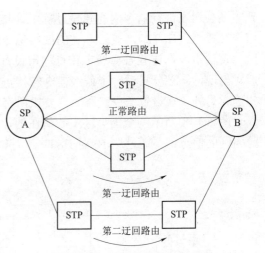

图 5.1–5　正常信令路由的设定

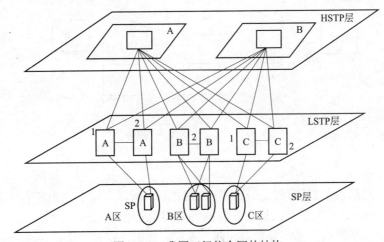

图 5.1–6　我国三级信令网的结构

第一级 HSTP 通常成对出现，分别位于 A、B 两个平面并相连，如图 5.1–7 所示。处于同一平面内的各个 HSTP 网状相连，非同平面的非成队出现的 HSTP 不连。

第二级 LSTP 通常也成对出现，每个 LSTP 至少要分别连至 A、B 平面内成对出现的 HSTP。每个 SP 至少连至两个 STP（HSTP 或 LSTP）。

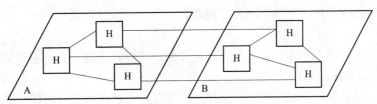

图 5.1–7　HSTP 在 A、B 平面的连接

2. 具体应用

我们以联通信令网建设为例，简单描述一下信令网分层结构的具体应用。

　　某公司在进行信令网的建设过程中，将全国分成十大区，在大区中心分别设立一对高级信令转接点（HSTP），兼做本省的低级信令转接点。通常一个大区会覆盖一到几个省、自治区、直辖市，在这些省会城市和直辖市设置低级信令转接点（LSTP），部分低级信令转接点成对出现，一部分只设一个低级信令转接点，分别和本大区的一对高级信令转接点（HSTP）相连。另外，在设置信令链路时，要求所有低级信令转接点准直连。

　　图 5.1-8 所示为全国大区中心所在的位置及每一大区包含的省、自治区、直辖市。凡是跨大区的信息都要通过这 10 对 HSTP 进行转接。

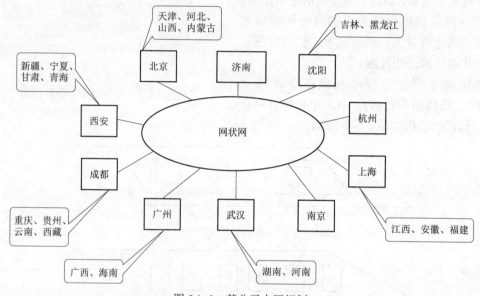

图 5.1-8　某公司大区规划

　　北京大区：包括两个直辖市、三省，分别为北京、天津、河北、山西和内蒙古，在北京设置 HSTP，在天津、石家庄、太原和呼和浩特分别设立 LSTP。

　　西安大区：包括西北五省，分别为陕西、新疆、甘肃、青海和宁夏，在西安设置 HSTP，在乌鲁木齐、兰州、西宁和银川分别设立 LSTP。

　　成都大区：包括四省一市，分别为四川、贵州、云南、西藏、重庆，在成都设置 HSTP，在重庆、贵阳、昆明和拉萨分别设立 LSTP。

　　广州大区：包括三省，分别是广东、广西和海南，在广州设置 HSTP，在南宁和海口设置 LSTP。

　　武汉大区：包括三省，分别是湖北、湖南和河南，在武汉设置 HSTP，在长沙和郑州设置 LSTP。

　　上海大区：包括三省一市，分别是江西、安徽、福建，上海，在上海设置 HSTP，在南昌、合肥和福州设置 LSTP。

　　沈阳大区：包括东北三省，辽宁、吉林和黑龙江，在沈阳设置 HSTP，在长春和哈尔滨设置 LSTP。

　　济南大区、南京大区和杭州大区都只负责本省的全部业务。济南、南京和杭州设置 HSTP，兼做本省的 LSTP。

5.1.4 七号信令系统功能级结构

由于现代通信实际上是建立在计算机的控制基础之上的，七号信令的通用性决定了整个系统必然包含着许多不同的应用功能，而且结构上应该能够灵活扩展，因此它的一个重要特点就是采用模块化功能结构，以实现一个框架内多种应用的并存。

换句话说，它也是按照计算机 OSI 的思想设计和应用的，其基本概念是：

（1）将通信的功能划分成若干层次，每一个层次只完成一部分功能且可以单独进行开发和测试。

（2）每一层只跟其相邻的两层打交道，利用下一层所提供的服务（并不需要知道它的下一层是如何实现的，仅需要该层通过层间接口所提供的服务），并向高一层提供本层能完成的功能。

（3）每一层是独立的，各层都可以采用最适合本层的技术来实现，当某层由于技术的进步发生变化时，只要接口关系保持不变，则其他各层不受影响。

七号信令的具体的功能模块结构如图 5.1-9 所示。

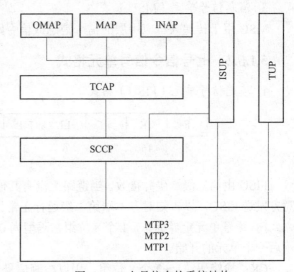

图 5.1–9 七号信令的系统结构

MTP——消息传递部分（Message Transfer Part）；

SCCP——信令连接控制部分（Signal Ling Connection Control Part）；

TUP——电话用户部分（Telephone User Part）；

ISUP——ISDN 用户部分（ISDN User Part）；

TCAP——事务能力应用部分（Transaction Capability Application Part）；

OMAP——操作维护应用部分（Operation and Maintenance Application Part）；

MAP——移动应用部分（Mobile Application Part）；

INAP——智能网应用规程（Intelligent Network Application Protocol）。

MTP 由低功能级向高功能级依次是：信令数据链路级（MTP1）、信令链路功能级（MTP2）、信令网功能级（MTP3）。MTP 的功能是在各信令点之间正确无误地传送信令消息。SCCP 完成 MTP3 的补充寻址功能，即与 MTP3 结合，共同提供相当于 OSI 参考模型的网络层功能。

电话用户部分（TUP）处理电话网中的呼叫控制信令消息；综合业务数字网用户部分（ISUP）处理 ISDN 中的呼叫控制信令消息；移动应用部分（MAP）处理移动通信网中呼叫控制信令信息及非呼叫相关的信令信息，如漫游、位置更新等。

5.1.5 七号信令单元

5.1.5.1 七号信令信号单元分类

在 NO.7 信令系统中，所有的消息都是以信令单元的形式发送的。根据不同的功能，七号信令单元可分为如下三类：

1. 填充信号单元（FISU）

FISU 是不含任何信息的空信号，作用是链路空闲时填补位置使链路保持通信状态。

2. 链路状态信号单元（LSSU）

LSSU 用于链路启用或者链路故障时表示链路的状态，以便完成信令链路的接通、恢复等控制。

3. 消息信号单元（MSU）

MSU 用于传递来自应用层的信令消息或信令网管理消息。

5.1.5.2　七号信令信号单元格式

1. 填充信号单元（FISU）格式

F	CK		LI	FIB	FSN	BIB	BSN	F
8	16	2	6	1	7	1	7	8

FISU 由第三级产生并接收。当链路上没有其他信令单元传送时，在一定的间隔时间内向对方发送 FISU，以告知对方本端第二级运行正常。

F：信号单元定界标志，1 个 8 位组，码型为 01111110，既表示前一个单元的结束，也表示后一个单元的开始。

CK：检错码，1～2 个 8 位组，用以检测信号单元在传输过程中可能产生的误码。

LI：信号单元长度指示码。长度为 6 个比特，用以指示 LI 和 CK 之间（不包括它们自身）的 8 位组数目。对 MSU，LI>2；对 LSSU，LI=1 或 2；对 FISU，LI=0。当消息长度超过 63 时，长度指示位 LI=63。

FSN/FIB 和 BSN/BIB 是信号单元序号和重发指示位。

（1）FSN：前向序号，表示本单元的发送序号。

（2）BSN：后向序号，表示收到对方发来的最后一个信号单元的序号，向对方指示序号直至 BSN 的所有消息均已经正确无误地收到。

（3）FIB：前向（重发）指示位，表示当前发送信号单元的标识，取值 0 或 1，FIB 位反转指示本端开始重发消息。

（4）BIB：后向（重发）指示位，表示是否正确收到对方发来的信号单元，BIB 反转指示对方从 BSN+1 号消息开始重发。

2. 链路状态信号单元（LSSU）格式

在正常情况下，链路上不会有 LSSU，仅有 FISU 和 MSU。当有 LSSU 时，说明链路状态不对。

SF：由一个 8 bit 组成，其中低 3 位为状态指示语，高 5 位为备用位，取值为 0，该字段又称状态字段 SF。状态指示语表示本信令点的第二功能级的工作状态。状态指示含义如下：

C　B　A　　状态指示；

0　0　0　　SIO　失去定位；

0　0　1　SIN　正常定位；
0　1　0　SIE　紧急定位；
0　1　1　SIOS　业务中断；
1　0　0　SIPO　处理机故障；
1　0　1　SIB　链路忙。

当链路从未激活转为激活时，链路两端发送 LSSU，完成初始定位过程。当传输系统故障导致链路中断后，一旦传输系统恢复正常，链路两端的第二功能级自动进入紧急定位过程。两端以 SIE 代替 SIN，验收周期比初始定位过程要短。

3. 消息信号单元（MSU）格式

F	CK	SIF	SIO		LI	FIB	FSN	BIE	BSN	F
8	16	8n(n>2)	8	2	6	1	7	1	7	8

1）SIO

业务指示 8 位组，只出现于 MSU，用于指示消息类别和网络类型。SIO 分为两个子字段：低 4 bit 的 SI（业务指示语，指示消息类别）和高 4 bit 的 SSF（子业务字段，指示网络类型）。

子业务字段 SSF				业务指示语 SI			
D	C	B	A	D	C	B	A
SIO							

2）SIF

信令信息字段包括用户实际发送的信息内容。它由两部分组成：路由标记和信号信息。后者由具体消息类型及业务类别决定，前者包括 DPC（目的信令点编码）、OPC（源信令点编码）和 CIC（电路选择码）或 SLS（信令链路选择码）。

信令信息	SLS/CIC	OPC	DPC

在 MTP3 层产生的 MSU 中，有一类链路测试消息，它们是：信令链路测试消息 SLTM 和信令链路测试证实消息 SLTA。当一端发送 SLTM，另一端收到后，即回送 SLTA 作为响应。SLTM 中含有一串测试码，另一端收到 SLTM 后将测试码放到 SLTA 中反送回发端。发端将 SLTA 中的测试码取出，与 SLTM 中的测试码相比较。如果相同，则说明第二级传输正确；如果不同，则说明第二级传输不正确。链路测试消息的发送过程如图 5.1–10 所示。

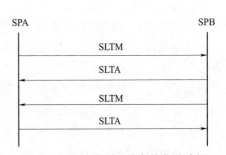

图 5.1–10　链路测试消息的发送过程

5.2　消息传递部分（MTP）

知识导读

掌握 MTP1、MTP2 层功能，MTP3 的寻址功能。

消息传递部分由三层构成，描述了信令点之间进行消息传递和与此传递相关的功能、过程，以及与实现有关的接口和过程。

5.2.1　信令数据链路功能（MTP1）

信令数据链路级是 No.7 共路信令系统的第一级功能。第一级功能定义了信令数据的物理、电气和功能特性，并规定与数据链路连接的方法，提供全双工的双向传输通道。信令数据链路由一对传输方向相反和数据速率相同的数据信道组成，完成二进制比特流的透明传递。No.7 信令系统最适合于数字通信网，信令数据链路通常是 64 kb/s 的数字通道，常对应于 PCM 传输系统中的一个时隙，如在 PCM30/32 系统中，常选用 TS16 传递信令，也允许选择除第零个时隙的其他时隙传递。

作为第一级功能的信令数据链路要与数字程控交换机中的第二级功能相连接，可以通过数字交换网络或接口设备而接入，通过程控交换机中的数字交换网络接入的信令数据链路只能是数字的信令数据链路。数字交换网络可以建立半固定通路，便于实现信令数据链路或信令终端（第二级）的自动分配。

5.2.2　信令链路功能级（MTP2）

信令链路功能作为第二级的信令链路控制，与第一级的信令数据链路共同保证在直联的两个信令点之间，提供可靠的传送信号消息的信令链路，即保证信令消息的传送质量满足规定的指标。

第二级完成的功能包括如下几个方面：信令单元定界与定位，差错检测，差错校正，初始定位，信令链路差错率监视，流量控制，处理机故障控制。我们将对以上功能具体说明。

1. 单元信号定界与定位

要从信令数据链路的比特流中识别出一个个的信号单元，应有一个标志码对每个信号单元的开始和结束进行标识。七号信令系统规定标志码采用固定编码 01111110 作为信号单元的开始和结束。在接收时，要检测标志码的出现；在发送时，要产生标志码。

为了信号单元能正确定界，必须保证在信号单元的其他部分不出现这种码型。我们采用"0"比特插入法。在发送端，对不包括标志码的信令单元进行检查，当消息信息中出现了六个连"1"时，要执行插"0"操作，即在 5 个连"1"后插入"0"；在接收端，对检出标志码的信令单元进行检查，发现 5 个"1"比特存在，则执行删"0"操作，即将 5 个连"1"之后插入的"0"删除。

在正常情况下，信号单元长度有一定限制且为 8 比特的整数倍，而且在删 0 之前不应出现大于 6 个连 1。若不符合以上情况，就认为失去定位，要舍弃所收到的信号单元，并由信号单元差错率监视过程进行统计。

2. 差错检测

信号链路的差错检测作用是判别信号单元中的比特流在传送过程中是否出错。传输信道存在的噪声、瞬断等干扰会使信令信息发生差错，为保证服务质量，必须采用差错控制措施。差错控制包括差错检测与差错校正两个方面。

为了要能对脉冲和瞬断干扰造成的突发性差错有较高的检错能力，采用 CRC 循环冗余的检错方法。通过附加冗余码元的方法，使传递的信息序列具有一定的规律性，而接收端则检验这种规律是否存在。

3. 差错校验

差错校验的作用是出现差错后重新获得正确的信号单元。No.7 信令方式采用基本差错校正方法。

基本差错校正方法是一种非互控、肯定/否定证实、重发纠错的方法。非互控方式是指发送方可以连续地发送消息信号单元，而不必等待上一信号单元证实后才发送下一信号单元。非互控方式可以显著提高信号传递的速度。

肯定证实指示信令单元的正确接收，否定证实指示收到的信令单元有误而要求重发。证实由每个信号单元所带的序号实现：前向序号（FSN）、后向序号（BSN）、后向指示比特（BIB）和前向指示比特（FIB）。FSN 完成信号单元的顺序控制；BSN 完成肯定证实功能。远端将最新正确接收的消息信号单元的 FSN 赋给反向发出的下一个信号单元的 BSN，也就是对方发来的 BSN 值，显示了对本方发送的消息信号单元证实到哪一个 FSN。否定证实由 BIB 反转来实现。

4. 初始定位

初始定位过程是首次启用或发生故障后恢复信令链路时所使用的控制程序，整个过程包括 4 个状态：空闲（IDLE）、未定位（NOT ALIGNED）、已定位（ALIGNED）和验收（PROVING）。根据验收周期的不同，可分为正常初始定位和紧急初始定位。采用正常定位还是紧急定位，由第三级确定。

在初始定位过程中，信令链路两端的信令终端要交换信令链路状态信息，采用以下 4 种不同的定位状态指示。

（1）SIO（失去定位）：用于启动信令链路并通知对端、本端已准备好接收任何链路信号。

（2）SIN（正常定位）：用于指示已接收到对端发来的 SIO 信号且已启动本端信令终端，并通知对端启动正常验收过程。

（3）SIE（紧急定位）：用于指示已接收到对端发来的 SIO 信号且已启动本端信令终端，并通知对端启动紧急验收过程。

（4）SIOS（业务中断）：用于指示信令链路不能发送和接收任何链路信号。初始定位过程要经历几个状态：

① 空闲状态。空闲状态是初始定位过程不工作的起始状态。

② 未定位状态。在空闲状态下向对方发送 SIO，表示初始定位过程的开始，迁至未定位状态。

③ 已定位状态。在未定位状态下只要一收到对端响应，不论是 SIO、SIN 或 SIE，均迁至已定位状态，并根据本端第三级的设置向对端发 SIN 或 SIE。

④ 验证状态。在已定位状态下收到对端发来的 SIN 或 SIE，则迁至验证状态。

在验证状态，分别监视从对端收到的信号单元的差错率。若合格，验证即告完成，向对端发送填充消息 FISU，当收到对端的 FISU 或 MSU 后，信号链路进入开通业务状态；若五次验证均不合格，则认为该信令链不可能完成初始定位过程，转入空闲状态。

5. 信令链路差错率监测

信令链路差错率监测用以监视信令链路的差错率，以保证良好的服务质量。当信令链路差错率达到一定的门限值时，应判定为此信令链路故障。

有两种差错率监视过程，分别用于不同的信号环境。一种是信号单元差错率监视，适用于在信令链路开通业务后使用；另一种是定位差错率监视，在信令链路处于初始定位过程的验证状态中使用。

6. 第二级流量控制

用来处理第二级检出的拥塞状态，以不使信令链路的拥塞扩散，最终恢复链路的正常工作状态。

当信令链路接收端检出拥塞时，将停止对消息信号单元的肯定/否定证实，并周期地发送状态指示为 SIB（忙指示）的链路状态信号单元，以使对端可以区分是拥塞还是故障。当信令链路接收端的拥塞状况消除时，停发 SIB，恢复正常运行。

7. 处理机故障

当由于第二级以上功能级的原因使得信令链路不能使用时，就认为处理机发生了故障。处理机故障是指信号消息不能传送到第三级或第四级，这可能是中央处理机故障，也可能是人工阻断一条信令链路故障。

当第二级收到了第三级发来的指示或识别到第三级故障时，则判定为本地处理机故障，并开始向对端发状态指示（SIPO），并将其后所收到的消息信令单元舍弃。当处理机故障恢复后将停发 SIPO，改发信令单元，信令链路进入正常状态。

5.2.3 信令网功能级（MTP3）

信令网功能级是七号信令系统中的第三级功能，原则上定义了信令网内信息传递的功能和过程，是所有信令链路共有的。

信令网功能分两大类：信令消息处理功能和信令网管理功能。信令消息处理功能的作用是引导信令消息到达适当的信令链路或用户部分；信令网管理功能的作用是在预先确定的有关信令网状态数据和信息的基础上，控制消息路由或信令网的结构，以便在信令网出现故障时可以控制重新组织网络结构，保存或恢复正常的消息传递能力。

5.2.3.1 信令消息处理

信令消息处理（SMH）功能的作用是实际传递一条信令消息时，保证源信令点的某个用户部分发出的信令消息能准确地传送到所要传送的目的信令点的同类用户部分。信令消息处理由消息识别、消息分配和消息路由三部分功能组成，它们之间的结构关系如图 5.2–1所示。

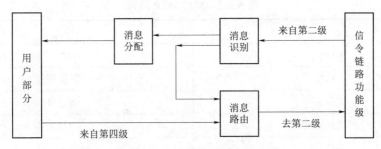

图 5.2-1 信令消息处理功能结构

1. 消息识别

消息识别（MDC：Message Discrimination）功能接收来自第二级的消息，根据消息中的 DPC 确定消息的目的地是否是本信令点。如果目的地是本信令点，则消息识别功能将消息传送给消息分配功能；如果目的地不是本信令点，则消息识别功能将消息发送给消息路由功能转发出去。后一种情况表示本信令点具有转接功能，即信令转接点（STP）功能。

2. 消息分配

消息分配（MDT：Message Distribution）功能接收到消息识别功能发来的消息后，根据信令单元中的业务信息字段的业务指示码（SIO）的编码来分配给相应的用户部分以及信令网管理和测试维护部分。凡到达了消息分配的消息，肯定是由本信令点接收的消息。

3. 消息路由

消息路由（MRT：Message Routing）完成消息路由的选择，也就是利用路由标记中的信息（DPC 和 SLS），为信令消息选择一条信令链路，以使信令消息能传送到目的地信令点。

5.2.3.2 信令网管理

在已知的信令网状态数据和信息的基础上，控制消息路由和信令网的结构，以便在信令网出现故障时可以完成信令网的重新组合，从而恢复正常的信令业务传递能力。它由三个功能过程组成：信令业务管理、信令链路管理和信令路由管理。

（1）信令业务管理功能是当信令链路或信令路由出现故障时，控制将信令业务从一条不可用的信令链路或信令路由倒换到一条或多条不同的信令链路或信令路由；当信令链路故障恢复时，控制将信令业务从一条或多条不同的信令链路或信令路由倒回恢复的信令链路；或者当拥塞时控制减少到拥塞信令链路或信令路由上的信令业务。

信令业务管理功能包括倒换、倒回、强制重选路由、受控重选路由、管理阻断和信令业务流量控制等过程。

（2）信令链路管理包括信令链路接通、恢复和去活等过程。

（3）信令路由管理功能用来保证信令点之间可靠地交换有关信令路由信息，包括禁止传递过程、允许传递过程、受限传递过程、受控传递过程等。

5.2.3.3 常用 MTP 消息

常用 MTP 消息如表 5.2-1 所示。

表 5.2-1　常用 MTP 消息

消息缩写	消息名
COO	倒换命令
COA	倒换证实
CBD	倒回说明
CBA	倒回证实
ECO	紧急倒换命令
ECA	紧急倒换证实
RCT	路由组拥塞测试
TFC	受控传递
TFP	禁止传递
TFR	受限传递
TFA	允许传递
RST	禁止目的地的信令路由组测试
RSR	限制目的地的信令路由组测试
LIN	阻断链路
LUN	解除阻断链路
LIA	阻断链路证实
LUA	解除阻断链路证实
LID	阻断链路否认
LFU	强制解除阻断链路
LLT	本地阻断链路测试
LRT	远端阻断链路测试
TRA	业务再启动允许
DLC	信令数据链路连接命令
CSS	连接成功
CNS	连接不成功
CNP	连接不可能
UPU	用户部分不可用

1. 倒换和倒回

（1）同一链路组内链路间的倒换与倒回如图 5.2-2 所示。

信令点 A 和 B 之间链路 1-0 和 1-1 可用，去活 1-0，在 1-1 上传递 COO 和 COA，原来 1-0 上的业务倒换到 1-1 上。激活 1-0，在 1-1 上传送 CBD 和 CBA，信令点 A、B 之间的业务在 1-0 和 1-1 上传递。

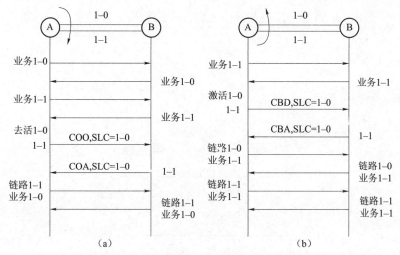

图 5.2-2 同一链路组内链路间的倒换与倒回

（a）倒换；（b）倒回

（2）不同链路组间的倒换与倒回如图 5.2-3 所示。

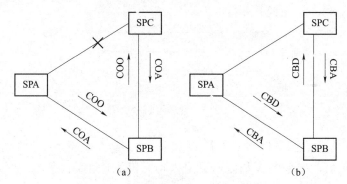

图 5.2-3 不同链路间的倒换与倒回

（a）倒换；（b）倒回

2. 强制重选路由

强制重选路由示意图如图 5.2-4 所示。

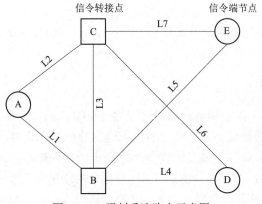

图 5.2-4 强制重选路由示意图

如果 L3 不可用，A 到 D、E 的业务由 L1、L2 按负荷分担经 B、C 分别传送。当 L5 故障时，B 向 A 发 TFP（E），A 完成强制重选路由。A 到 E 的业务经由 C 完成，A 到 D 的业务仍由 L1 和 L2 按负荷分担传送。

3. 管理阻断

管理阻断示意图如图 5.2-5 所示。

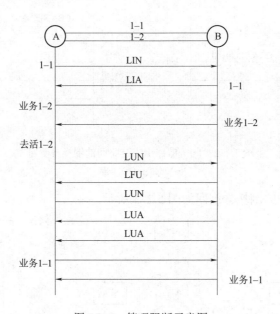

图 5.2-5　管理阻断示意图

信令点 A、B 之间有两条链路 1-1 和 1-2，在信令点 A 阻断 1-1，收到信令点 B 的阻断链路证实信号 LIA 后，信令点 A 和 B 分别进入本地和远端阻断状态。

5.3　信令连接控制部分（SCCP）

知识导读

掌握七号信令系统 SCCP 层的基本概念、业务功能；SCCP 层地址信息格式和选路原则；ZXC10-MSS 系统 GT 号码分析方法。

5.3.1　SCCP 概述

通过 MTP 层的学习，我们知道它的寻址能力是根据目的信令点编码（DPC）将消息传送到指定的目的地，然后根据业务指示语（SI）将消息分配给指定的用户部分。但随着电信网的发展，越来越多的网络业务需要在远端节点之间传送端到端的控制信息，这些信息与呼叫连接电路无关，甚至与呼叫无关，如在数字移动通信网中的移动交换中心（MSC）、拜访位置寄存器（VLR）、归属位置寄存器（HLR）之间传送与漫游、鉴权业务相关的信息，在智能网中，业务交换点（SSP）与业务控制点（SCP）之间传递的信息等。而 MTP 的寻址功能已不能满足要求。

信令连接控制部分（Signaling Connection Control Part），在 NO.7 信号方式的分层结构中，属于 MTP 的用户部分之一，同时为 MTP 提供基于全局码的路由和选路功能，以便通过 NO.7 信号网在电信网中的交换局和专用中心之间传递电路相关和非电路相关的信息和其他类型的信息，建立无连接或面向连接的服务。当用户要求传送的数据超过 MTP 的限制时，SCCP 还要提供必要的分段和重新组装功能。

SCCP 属于七号信令网第三层，完成 MTP3 的补充寻址功能，即与 MTP3 结合，提供相当于 OSI 参考模型的网络层功能。为了开放 ISDN 端到端补充业务、智能网业务、移动电话的漫游和频道切换、短消息等业务，一定要在七号信令网中的各信令点添加 SCCP 功能。

5.3.1.1　MTP 的局限性

前面简单提了 SCCP 的来源，那么到底 MTP 在哪些方面不能满足现代通信的需要呢？这就不得不提到 MTP 的局限性，从以下四个方面来反映：

（1）信号点编码不是国际统一编码，没有全局的意义。每个号的编码只与一个给定的国内网有关，如果与别的国内网信点连接时，就不被识别；在某些情况下，当移动用户漫游到国外，需要进行位置更新，寻找归属位置寄存器时，信令点就不可能被正确寻址。

（2）不能满足更多用户的寻址需求。对于一个信令点来讲，业务表示语（SI）编码只有四位，最多只允许分配 MTP 的 16 个用户。而实际上的用户却远远超过 16 个，MTP 不能满足更多用户的寻址需求，如图 5.3-1 所示。

（3）不能适应电信网多元化业务的发展。MTP只能实现面向无连接，提供数据报的服务，而电信网的发展趋势是在网络节点之间传送大量的非实

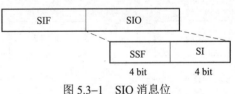

图 5.3-1　SIO 消息位

时消息（如计费文件等），这些消息数据量大，可靠性要求高，需要在网络节点间建立虚电路，实现面向连接的数据传送。

（4）MTP 只支持逐段转发（Link By Link）方式，不支持端到端（End Toend）的传递方式。

5.3.1.2　SCCP 的特点

（1）传送各种与电路无关的信令消息。

（2）提供基于全局码的路由选路功能，可在全球互连的不同七号信令网之间实现信令的直接传送。

（3）除了提供无连接业务，还能提供面向连接业务。

根据七号信令分层结构，SCCP 的用户是 ISUP（ISDN 用户部分）和 TCAP（事物处理能力应用部分）等。ISUP 利用 SCCP 实现端到端消息的传递，支持有关的 ISDN 补充业务；TCAP 则利用 SCCP 和 MTP3 提供的完善的网络层功能实现各种现有的和未来的电路无关消息的远程传送，支持移动通信、智能网等各种新业务、新功能。

5.3.2 SCCP 业务功能

5.3.2.1 概述

究竟什么是无连接业务和面向连接业务？SCCP 向用户提供哪些无连接和面向连接服务呢？本节我们就来讨论一下这个问题。

无连接业务类似于分组交换网中的数据报业务，面向连接类似于分组交换网中的虚电路业务，具体有如下四类协议。

（1）0 类：基本的无连接服务。

（2）1 类：有序的无连接服务。

（3）2 类：基本的面向连接服务。

（4）3 类：流量控制面向连接服务。

5.3.2.2 无连接业务

无连接业务即事先不建立连接就可以传送信令消息。它是把传送的数据信息作为独立的消息，送往编路标号中的目的地信令点 DPC，在基本无连接业务中，各个消息被独立地传送，相互间没有关系，故不能保证按发送的顺序把消息送到目的地信令点。在有序无连接业务中，给来自同一信息的数据消息附上同一个信令链接选择字段，就可以保证这些数据经由同一信令链路传送。因此，可按发送顺序到达目的地信令点。无连接业务每发一次数据，都需重选一次路由。

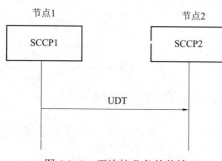

图 5.3-2　无迕接业务的传输

无连接业务的传输如图 5.3-2 所示。

具体过程如下：

起源节点的 SCCP 用户发出 N_单元数据请求原语，请求无连接数据传递业务，然后利用 SCCP 路由控制和 MTP 功能，将单元数据消息传送到单元数据请求原语中，指出被叫地址。

当单元数据消息不能传送到目的点时，则发送单元数据服务消息（UDTS）至始发点；当目的节点收到单元数据消息时，发送 N_单元数据指示原语；当 SCCP 不能传送单元数据或单元数据服务消息时，将一个单元数据业务消息传送到主叫用户地址或调用 N_通知指示原语。

当 N_单元数据请求原语中数据的长度大于 X（X 暂定为 200）时，UDT 消息不能传送那么多数据，因此就必须将数据分成几个长度较小的段，每段用一个 XUDT 消息传送。相应地，当 SCCP 收到 XUDT 消息时，必须把分开的数据重新组装为一个 N_单元数据指示原语，再发送给 SCCP 用户，此过程叫分段/重装（Segmentation/Reassembly）。

1. 0 类（Class 0）：基本无连接服务

消息发送前不事先建立连接，每个消息独立寻址，不保证消息有序传送，每个消息是一个数据单元。

2. 1 类（Class 1）：有序无连接服务

消息发送前不事先建立连接，每个消息独立寻址，但保证消息有序传送，每个消息是一个数据单元。

5.3.2.3 面向连接业务

面向连接业务即在传送数据之前，需要建立逻辑连接。在基本的面向连接业务中，由于各个数据消息不带顺序号，因此不能完成顺序控制和流量控制。在流量控制面向连接业务中可以完成顺序控制和流量控制。

面向连接的传输如图 5.3-3 所示：

1. 2 类（Class 2）：基本面向连接服务

消息发送前事先建立连接，数据传送结束后释放连接，消息有序传送，但无流量控制。

2. 3 类（Class 3）：流量控制面向连接服务

消息发送前事先建立连接，数据传送结束后释放连接，消息有序传送并有流量控制功能。

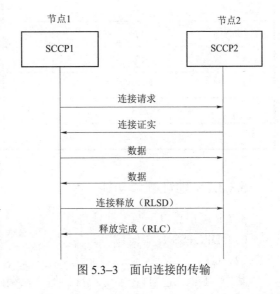

图 5.3-3 面向连接的传输

5.3.3 SCCP 功能

5.3.3.1 附加的寻址功能

由于 MTP 只能指示最多 16 个用户，因此对于 SCCP 来说，MTP 只能指示用户是 SCCP 用户，但不能具体指明是 SCCP 的哪个用户。通过子系统号码 SSN 标识一个信令点内更多的 SCCP 用户。子系统号用八位二进制码定义，最多可定义 256 个不同的子系统，如表 5.3-1 所示。

表 5.3-1 SSN 用户

取 值	解 释
0	不含子系统 SSN
1	SCCP 管理
2	备用
3	ISDN 用户部分
4	操作维护管理部分
5	移动智能用户部分
6	归属位置登记处
7	拜访位置登记处
8	移动交换中心
9	设备识别中心

取　值	解　释
10	认证中心
11	备用
12	智能网应用部分
13～252	备用
253	基站分系统操作维护应用部分
254	基站分系统应用部分

5.3.3.2　地址翻译功能

SCCP 可根据以下两类地址进行寻址：

（1）DPC+SSN；

（2）GT。

其中，DPC 是 MTP 采用的目的信令点编码，SSN 是子系统号用来识别同一节点中的不同 SCCP 用户。GT（Global Title）是全局码，可以是采用各种编号计划（如电话/ISDN 编号计划等）来表示 SCCP 地址。利用 GT 进行灵活的选路是 SCCP 的一个重要特点。它和 DPC 的不同在于 DPC 只在所定义的信令网中才有意义，而 GT 则在全局范围内都有意义，且其地址范围远比 DPC 大。这样，就可以实现在全球范围内任意两个信令点之间直接传送电路无关消息。GT 码一般在始发节点不知道目的地信令点编码的情况下使用，但 SCCP 必须将 GT 翻译为 DPC+SSN 和新的 GT 组合，才能交由 MTP 用这个地址来传递消息。

5.3.4　SCCP 消息结构

5.3.4.1　消息分类

SCCP 在收到用户发来的原语请求后，根据原语参数将用户数据连同必要的控制和选路信息封装成 SCCP 消息，发往远端节点的对等 SCCP 实体。

ITU–T 规定了 SCCP 的 23 种消息，其中无连接业务使用了 4 种，面向连接业务使用了 14 种，而另外 5 种消息用于 SCCP 管理。其中 MAP 仅使用面向无连接的 4 种消息。

（1）UDT（单位数据）：用来传送用户数据。

（2）UDTS（单位数据业务）：当 UDT 消息不能正确传送至用户且要求回送时，说明传送出错原因。

（3）XUDT（扩充的单元数据）：当传送的数据量大于一个消息信令单元所能携带的数据量时，SCCP 会将用户数据分段，利用多条 XUDT 消息传送，接收端 SCCP 在将其重装后交给 SCCP 用户。

（4）XUDTS（扩充的单元数据业务）：当 XUDT 消息传送出错且要求回送时，用 XUDTS 说明传送出错原因。

5.3.4.2 SCCP 消息结构

SCCP 消息封装在 SIF 字段中，通过 MSU 在信令网中传递，如图 5.3-4 所示。

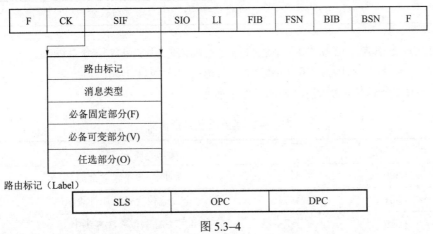

图 5.3-4

消息类型：用以识别 SCCP 消息。

它是所有消息的必备字节，决定该消息的功能和格式，就是上节提到的 UDT、UDTS、XUDT、XUDTS 中的一种。长度为 1 字节，其中最常用 UDT 为 09 H。

长度固定的必备部分：该消息所有固定长度的必备参数。

必备部分中主要包含的是该消息的协议类别，也就是我们上面曾经谈到的 SCCP 消息协议，无连接中有两种：基本无连接和有序无连接。面向连接有两种，由于 MAP 信令只用到无连接业务，因此该选项是无连接中的一种，长度 1 个字节。

长度可变的必备部分：该消息有长度可变的必备参数。

该部分中主要包含消息的主叫地址和被叫地址信息，以及来自 MAP 层的用户数据，有其特殊的格式，下面将会详细讨论。

任选部分：该消息的所有任选参数。

非消息的必选项，在 UDT 消息时可没有，但在 XUDT 等消息时用来反映拆分情况。

5.3.4.3 SCCP 的地址信息格式

SCCP 消息中的地址主要在长度可变必备部分中出现，包含主叫地址和被叫地址。主叫地址或被叫地址由地址类型指示语和地址信息两部分组成，是若干个八位位组的结合体。地址信息部分的格式决定于地址表示语的编码。SCCP 地址信息编码格式如图 5.3-5 所示。

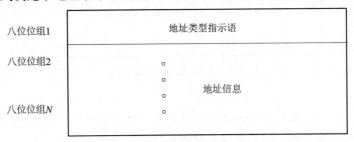

图 5.3-5 SCCP 地址信息编码格式

1. 地址类型指示语

8	7	6 5 4 3	2	1
备用	路由表示语	全局名表示语	子系统表示语	信令点表示语

比特 1（信令点表示语）："0"不包含信令点编码；"1"包含信令点编码。

比特 2（子系统表示语）："0"不包含子系统；"1"包含子系统。

比特 3～6（全局名表示语），如表 5.3–2 所示。

表 5.3–2　全局名表示语含义

取　　值	解　　释
0000	地址字段不包含全局名
0001	全局名仅含地址属性表示语
0010	全局名仅含翻译类型
0011	全局名包含翻译类型、编号计划、地址信息编码方式
0100	全局名包含翻译类型、编号计划、编码方式、地址属性表示语
其他值	备用

比特 7（选路指示位）："0"根据 GT 选路；"1"根据 DPC+SSN 选路。

比特 8：国内备用。

2. GT 码的格式

地址类型指示语的确定决定了地址信息的内容和格式。现在地址类型指示语中的全局名指示语为 4（GT=0100），来看一下 SCCP 的主、被叫地址是一个什么样的格式？当全局名指示语为 0100 时，表示全局名包含翻译类型、编号计划、编码方式、地址属性指示语，GT 码结构如图 5.3–6 所示。

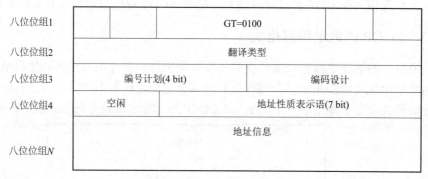

图 5.3–6　GT 号码结构

参数说明：

（1）翻译类型：指出全局名的翻译功能，把消息的地址翻译成新的 DPC、SSN、GT 的不同组合。相同的 GT 号码，由于翻译类型的差异，其所代表的目的地址也各不相同。目前

CDMA 普遍采用的两种翻译类型分别为"0"和"128"。

（2）编号计划：八位位组 3 高 4 比特为编号计划，指出地址信息采用何种方式编号，具体的编码如表 5.3–3 所示。

表 5.3–3 编号计划列表

比特 DCBA	含 义
0000	未定义
0001	ISDN/电话编号计划（E.164）
0010	备用
0011	数据编号计划
0100	Telex 编号计划
0101	海事移动编号计划
0110	陆地移动编号计划（E.212）
0111	ISDN/移动编号计划（E.214）
1000—1111	备用

CDMA 中常用 E.164 和 E.212 两种编号计划的号码，而在 GSM 中，用到了 E.214 格式。

编码设计：八位位组 3 低 4 比特为编码设计，指示地址信息中地址信号数目的奇偶，编码设计如表 5.3–4 所示。

表 5.3–4 编码设计

比特 DCBA	含 义
0000	未定义
0001	奇数个地址信号
0010	偶数个地址信号
0011—1111	备用

地址性质表示语：八位位组 2 的比特 1～7，指明地址信息的属性，其编码如表 5.3–5 所示。

表 5.3–5 地址属性编码

比特 GFEDCBA	含 义
0000000	空闲
0000001	用户号码
0000010	国内备用
0000011	国内有效号码
0000100	国际号码
0000101—1111111	空闲

不论在 CDMA 或 GSM 中,地址性质都为国际号码(4)。

地址信息:八位位组 5 及其以后的信号是地址信号,每个地址信号占 4 bit,如果是奇数个地址信号,则在地址信号结束后插入填充码 0000,即在第 N 个字节的高 4 比特填 0000。

5.3.5 GT 号码配置

5.3.5.1 GT 号码配置的作用

GT 号码配置的作用就是把应用层提供的 GT 号码形式的路由标签,翻译成目的信令点或 STP 的 GT 形式和 DPC+SSN 形式(全局名形式和目的信令点编码+子系统号形式)。可根据实际的网络传输特性,选择用 GT 形式或 DPC+SSN 形式发送。

GT 号码配置的主要作用是为 SCCP 的选路服务,在 CDMA 系统中,MSC/VLR、MSCe、HLR、HLRe 等实体之间的 MAP 信令是通过 SCCP 传送的。各个实体间可以是直联的,也可以是通过信令转接点转发的。SCCP 收到 MAP 应用层的消息时,会根据消息中提供的路由标签来发送、接收和转发这些消息。

5.3.5.2 SCCP 选路方式

SCCP 有两种在网路上发送消息的方式:GT 选路和 DPC+SSN 选路。

GT 和 DPC+SSN 两种选路方式的差异主要表现在当源信令点和目的信令点间存在信令转接点 STP 的情况下。

DPC+SSN 选路方式要求网中的所有信令点包括源信令点、目的信令点和 STP 可识别该目的信令点编码 DPC,信令到达中间节点后经 MTP 层直接发送,而不经过 SCCP 层。在这种情况下,源信令点和 STP 需要配置的 DPC 数据较多。

GT 选路方式可以在源信令点和部分 STP 不知道该信令的最终 DPC 的情况下使用。运用这种寻址方法时,信令传送到 STP 时,要经过 SCCP 先将 GT 翻译成目的信令点或 STP 的 DPC,然后再将消息交给 MTP 传送。在 GT 选路时,源信令点仅需要根据 GT 号码字冠,把信令发向 STP,由 STP 进一步翻译决定是发往下一个 STP 或目的信令点。在这种情况下,源信令点和 STP 需要配置的 DPC 数据较少。

5.3.5.3 GT 号码分类

在 ZXC10 3G CN 中,需要配置的 GT 号码一般有下面三种:

(1)MDN;

(2)IMSI;

(3)CDMA 系统实体号码,如

MSCe/MSC 号码:MSCIN;

HLR/HLRe 号码:HLRIN;

SC 号码:SCIN;

SCP 号码:SCPIN。

5.3.5.4 GT 翻译选择子

GT 翻译选择子对应各种 GT 翻译数据的入口。GT 号码的类型、翻译类型、编号计划、地址性质决定了一个选择子以及该选择子的属性。

CDMA 网络系统一般需要配置四个 GT 翻译选择子入口，如图 5.3–7 所示。

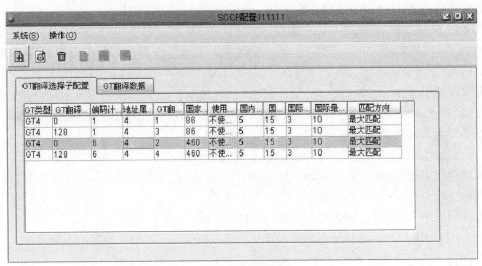

图 5.3–7 GT 翻译选择子

1. GT 翻译选择子类型

1）GT 选择子 1

GT 选择子 1 采用翻译类型为 0 的 ISDN/电话编号计划 1，主要用于呼叫处理路由选择及短消息终呼呼叫路由选择。

（1）对于 MSCe，此选择子中应配置全网所有 CDMA 用户的 MDN 号段指向归属 HLR/HLRe（直连）或 STP（非直连 HLR/HLRe 用户）。

（2）此选择子中应配置归属于本 HLRe 的所有用户 MDN 号段，并指向本 HLRe 局。

2）GT 选择子 2

GT 选择子 2 采用翻译类型为 0 的陆地移动编号计划 6，主要用于移动性管理及各种响应消息的路由选择。

（1）对于 MSCe，此选择子中应配置：

CDMA 网络中所有用户 IMSI 号段，指向其归属 HLR/HLRe 或转接 STP；

允许国外 CDMA 用户漫游的 IMSI 号段，指向 STP；

CDMA 网络中所有非直连网络设备号码，指向转接 STP；

CDMA 网络中所有直连网络设备号码，包括 MSC、HLR、SC、SCP，指向各局；

本局号码指向本局。

（2）对于 HLRe，此选择子中应配置：

归属于本 HLRe 的所有用户 IMSI 号段指向本 HLRe 局；

CDMA 网络中所有非直连网络设备号码，指向转接 STP；

CDMA 网络中所有直连网络设备号码指向各局；

本局号码指向本局。

3）GT 选择子 3

GT 选择子 3 采用翻译类型为 128 的 ISDN/电话编号计划 1，主要用于短消息的转发及 HLR 到 MC 的短消息通知的发送。在此选择子中应配置：

（1）对于 MSCe，当 MSCe 为端局时此选择子不需要配置；当 MSCe 为 STP 时，此选择子中应配置全网 CDMA 用户的 MDN 号段，指向对应的 SC 或 STP。

（2）对于 HLRe，此选择子中应配置：

归属于本 HLRe 的所有 MDN 号段，指向 STP（如是直连短消息中心指向短消息中心 SC）。

4）GT 选择子 4

GT 选择子 4 采用翻译类型为 128 的陆地移动编号计划 6，主要用于短消息的起呼及 MSC 到 MC 的短消息通知的发送。

（1）对于 MSCe，此选择子中应配置：

本地用户 IMSI 号段，指向本地 SC；若无直连 SC，则指向 STP；

外地用户 IMSI 号段，指向 STP；

允许国外用户漫游的 IMSI 号段，指向 STP。

（2）对于 HLRe，此选择子目前不使用。

2. 增加 GT 翻译选择子的方法

增加 GT 翻译选择子的界面如图 5.3-8 所示。

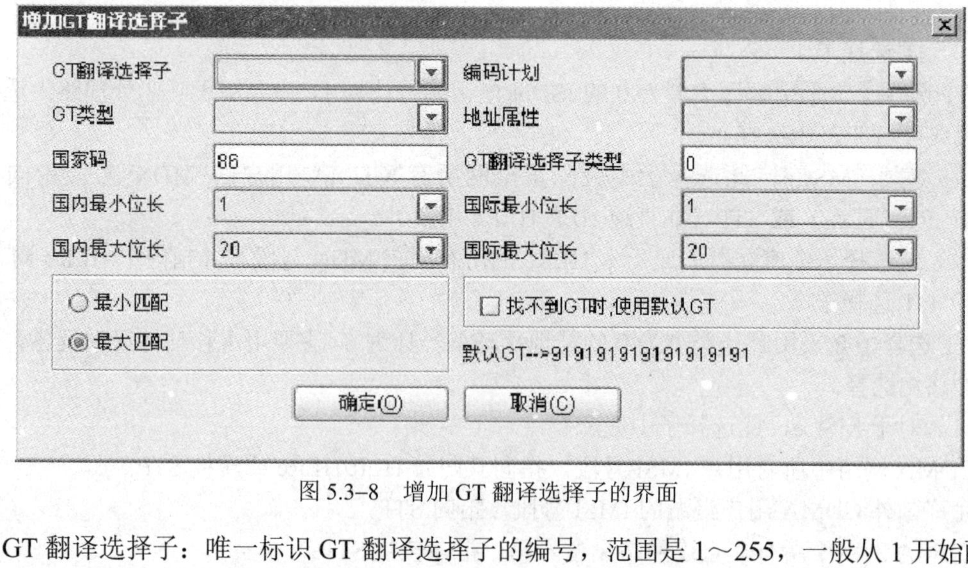

图 5.3-8 增加 GT 翻译选择子的界面

GT 翻译选择子：唯一标识 GT 翻译选择子的编号，范围是 1～255，一般从 1 开始配置。已配置的 GT 翻译选择子的编号不会出现在该下拉列表框中。

GT 类型：有 GT1～GT4 四种类型，一般选择 GT4。这里选择的实际就是全局名表示语，GT4 意味着全局名包含翻译类型、编号计划、编码方式、地址属性表示语。

编码计划：GT 翻译选择子所属的编码计划。

地址属性：有［国际号码］和［国内号码］选项，一般选择［国际号码］。

GT 翻译选择子类型：可配置为 0 或者 128，具体区别为其处理的消息不同。

国家码：如果某个 GT 号码包含国家码，则认为它是国内 GT 号码，使用国内最大、最小位长进行 GT 翻译。否则，使用国际最大、最小位长进行 GT 翻译。

最大/小匹配：一般选择最大匹配。若选择最大匹配，则 ZXC10 3G CN 系统在分析一个 GT 号码时，先查找最大长度的可匹配项，由长号码到短号码进行分析。如：被分析号码 8613309876543，系统在分析时先分析是否存在 8613309876543 的匹配项，如果存在，就结束；如果不存在，则可能依次分析 861330987654、86133098765、8613309876、861330987、…，直到找到匹配项为止。

默认 GT：某一种编码计划的默认 GT。翻译结果的选择，如果该选择子不包含 SCCP 的 GT 号码，一般的情况是本次翻译失败，但当该选项选中时，这次的翻译结果就用默认的 GT 号码的结果来代替，前提是用户在该选择子增加了默认的 GT 号码。

&说明：

配置 GT 翻译选择子时，一般至少需设置两个 GT 选择子。通常，将 GT 选择子 1 的编号计划设置为 ISDN/电话编号计划（编号计划 1），用于电话呼叫；GT 选择子 2 的编号计划设置为陆地移动编号计划（编号计划 6），用于移动性管理以及呼叫路由请求等。

如果需要支持短消息功能，则需相应地增加 GT 翻译选择子 3 和 GT 翻译选择子 4。

5.3.5.5 配置 GT 翻译数据

GT 翻译数据配置界面如图 5.3–9 所示。

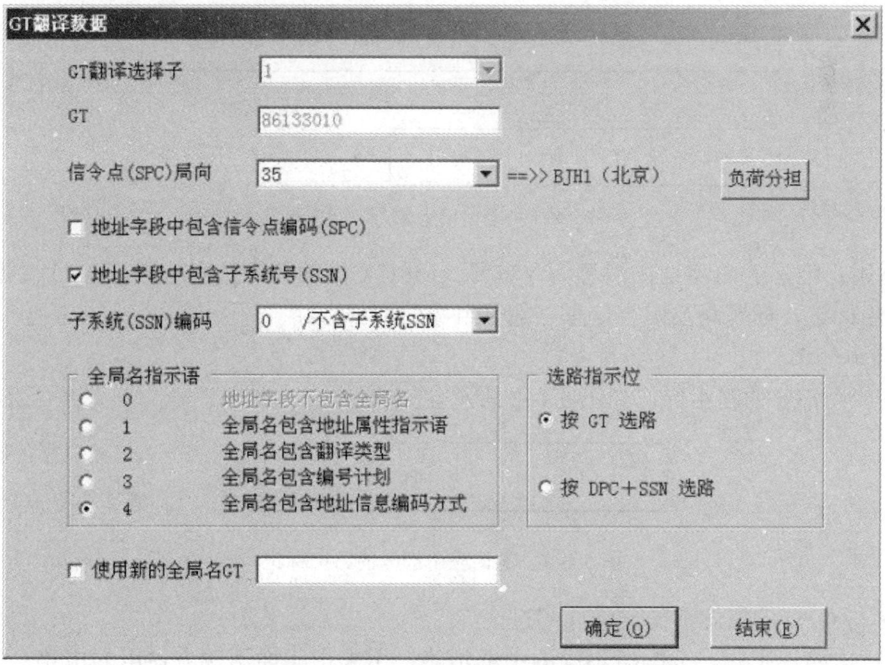

图 5.3–9　GT 翻译数据配置界面

一般情况下，只要输入 GT 翻译选择子、GT 号码、信令点局向即可，其余参数默认。

GT 选择子：对应各种 GT 翻译的入口。

GT 号码：选择子内所配置的号码中能识别不同局向的最小 GT 号码字冠。

信令点局向：信令发向的局向，实际上是选择该信令 DPC。这个 DPC 可以是 STP 的，也可以是最终目的信令点的。

选路指示位：0——按地址中的 GT 选路；1——按 DPC+SSN 选路。

SSN 编码：在 ZXC10 3G CN 中多选 0，表示不让本 SCCP 检查子系统。

全局名指示语：用 GT 选路时，一般选 4。

5.4 电话应用部分（TUP）

知识导读

掌握 TUP 信令消息格式解析；TUP 消息分类。

TUP 部分属于 No.7 第七层功能，主要实现有关 PSTN 电话呼叫建立和释放，同时支持电话用户的补充业务。它定义了用于电话接续所需要的各类局间信令。对 TUP 而言，消息信号单元传送的是电话信令消息。

5.4.1 电话信令消息的一般格式

对于 TUP 消息，消息封装在 MSU 信令单元格式中传递，如图 5.4–1 所示。

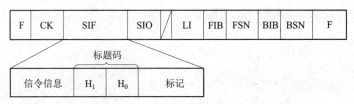

图 5.4–1　电话信令消息单元格式

电话用户消息的内容是在消息信令单元（MSU）中的信令信息字段（SIF）中传递的，SIF 由路由标记、标题码及信令信息三部分组成。

1. 路由标记

电话应用部分的路由标记如图 5.4–2 所示。

图 5.4–2　电话应用部分的路由标记

DPC 与 OPC 的概念前面已经介绍过。

CIC：电路识别码，分配给不同的中继话路，用来指明通话双方占用的电路。它是一个 12 bit 的编码，对于 2 048 kb/s 的数字通路，CIC 的低 5 位是话路时隙编码，高 7 位表示源信令点和目的信令点之间 PCM 系统的编码。对于 8 192 kb/s 的数字通路，CIC 的低 7 位是话路时隙编码，高 5 位表示源信令点和目的信令点之间 PCM 系统的编码。在实现语音业务时，要特别注意 CIC 编码必须和邻接局保持一致，否则将出现话路不通的现象。

2. 标题码

所有电话信令消息都有标题码，用来指明消息的类型。从图 5.4−2 可以看出标题码由两部分组成，H0 代表消息组编码，H1 代表具体的消息编码，具体的消息分类如表 5.4−1 所示。

表 5.4−1 TUP 标题码分配

消息群	H1\H0	0000	0001	0010	0011	0100	0101	0110	0111	1000	1001	1010	1011	1100	1101	1110	1111
	0000	←——						国内备用									——→
FAM	0001		IAM	IAI	SAM	SAO											
FSM	0010		GSM		COT	CCF											
BSM	0011		GRQ														
SBM	0100		ACM	(CHG)													
UBM	0101		SEC	CGC	(NNC)	ADI	CFL	(SSB)	UNN	LOS	SST	ACB	DPN	(MPR)			EUM
CSM	0110	(ANU)	ANC	ANN	CBK	CLF	RAN	(FOT)	CCL								
CCM	0111		RLG	BLO	BLA	UBL	UBA	CCR	RSC								
GRM	1000		MGB	MBA	MGU	MUA	HGB	HBA	HGU	HUA	GRS	GRA	SGB	SBA	SGU	SUA	
	1001						备用										
CNM	1010		ACC				国际和国内备用										
	1011																
NSB	1100			MPM													
NCB	1101		OPR			国内备用											
NUB	1110		SLB	STB													
NAM	1111		MAL														

5.4.2　TUP 消息解释

5.4.2.1　前向地址消息（FAM）

前向地址消息群是前向发送的含有地址信息的消息，目前包括 4 种重要的消息。

1. 初始地址消息（IAM）

初始地址消息是建立呼叫时前向发送的第一种消息，包括地址消息和有关呼叫的选路与处理的其他消息。

2. 带附加信息的初始地址消息（IAI）

IAI 也是建立呼叫时首次前向发送的一种消息，但比 IAM 多出一些附加信息，例如用于补充业务的信息和计费信息。

在建立呼叫时，可根据需要发送 IAM 或 IAI。

3. 后续地址消息（SAM）

SAM 是在 IAM 或 IAI 之后发送的前向消息，包含了进一步的地址消息。

4. 带一个信号的后续地址消息（SAO）

SAO 与 SAM 的不同在于只带有一个地址信号。

5.4.2.2　前向建立消息（FSM）

前向建立消息是跟随在前向地址消息之后发送的前向消息，包含建立呼叫所需的进一步的信息。FSM 包括两种类型的消息：一般前向建立信息消息和导通检验消息，后者包括导通信号和导通失败信号。

1. 一般前向建立信息消息（GSM）

GSM 是对后向的一般请求消息（GRQ）的响应，包含主叫用户线信息和其他有关信息。

2. 导通检验消息（COT 或 CCF）

导通检验消息仅在话路需要导通检验时发送。是否需要导通检验，在前方局发送 IAM 中的导通检验指示码中指明。导通检验结果可能成功，也可能不成功，成功时发送导通消息 COT，不成功时则发送导通失败消息 CCF。

5.4.2.3　后向建立消息（BSM）

目前规定了一种后向建立消息：一般请求消息（GRQ）。BSM 是为建立呼叫而请求所需的进一步信息的消息，GRQ 是用来请求获得与一个呼叫有关信息的消息。GRQ 总是和 GSM 消息成对使用。

5.4.2.4　后向建立成功信息消息（SBM）

SBM 是发送呼叫建立成功的有关信息的后向消息，目前包括两种消息：地址全消息和计费消息。

1. 地址全消息

地址全消息是一种指明地址信号已全部收到的后向信号，收全是指呼叫至某被叫用户所需的地址信号已齐备。地址全消息还包括有关的附加信息，例如计费、用户空闲等信息。

2. 计费消息（CHG）

计费消息主要用于国内消息。

5.4.2.5　后向建立不成功消息（UBM）

后向建立不成功消息包含各种不成功的信号。

1. 地址不全信号（ADI）

收到地址信号的任一位数字后延时 15～20 s，所收到的位数仍不足而不能建立呼叫时，将发送 ADI 信号。

2. 拥塞信号

拥塞信号包含交换设备拥塞信号（SEC）、电路群拥塞信号（CGC）以及国内网拥塞信号（NNC）。一旦检出拥塞状态，不等待导通检验的完成就应发送拥塞信号。任一 No.7 交换局收到拥塞信号后立即发出前向拆线信号，并向前方局发送适当的信号或向主叫送拥塞音。

3. 被叫用户状态信号

被叫用户状态信号是后向发送的表示接续不能到达被叫的信号，包括用户忙信号（SSB）、线路不工作信号（LOS）、空号（UNN）和发送专用信息音信号（SST）。被叫用户状态信号不必等待导通检验完成即应发送。

4. 禁止接入信号（ACB）

ACB 用来指示相容性检验失败，从而呼叫被拒绝。

5.4.2.6　呼叫监视消息（CSM）

1. 应答信号（ANC）

只有被叫用户首次取机应答才发送应答信号，根据被叫号码可以确定计费与否，从而发送应答、计费或应答、不计费信号。

2. 后向拆线信号（CBK）

CBK 表示被叫用户挂机。

3. 前向拆线信号（CLF）

交换局判定应该拆除接续时，就前向发送 CLF 信号。通常是在主叫用户挂机时产生 CLF 信号。

4. 再应答信号（RAN）

RAN 是被叫用户挂机后又摘机产生的后向信号。

5. 主叫用户挂机信号（CCL）

CCL 是前向发送的信号，表示主叫已挂机，但仍要保持接续。

6. 前向传递信号（FOT）

FOT 用于国际半自动接续。

5.4.2.7　电路监视消息（CCM）

1. 释放监护信号（RLG）

RLG 是后向发送的信号，是对前向拆线信号 CLF 的响应。

2. 电路复原信号（RSC）

在存储器出现故障时或信令故障发生时发送电路复原信号使电路复原。

3. 导通检验请求消息（CCR）

在 IAM 或 IAI 中含有导通检验指示码，用来说明释放需要导通检验，如果导通失败，就需要发送 CCR 消息来要求再次进行导通检验。

4. 与闭塞或解除闭塞有关的信号

闭塞信号（BLO）是发到电路另一端的交换局的信号，使电路闭塞后就阻止该交换局经该电路呼出，但能接收来话呼叫，除非交换局也对该电路发生出闭塞信号。

解除闭塞信号（UBL）用来取消由于闭塞信号而引起的电路占用状态，解除闭塞证实信号（UBA）则是解除闭塞信号的响应，表明电路已不再闭塞。

5.4.2.8 电路群监视消息（GRM）

1. 与群闭塞或解除闭塞有关的消息

这些消息的基本作用与闭塞或解除闭塞信号相似，但是对象是一个电路群或电路群的一部分电路，而不是一个电路。

2. 电路群复原消息（GRS）及其证实消息（GRA）

GRS 的作用与 RSC（电路复原信号）相似，但涉及一群电路。

5.4.2.9 自动拥塞控制信号（ACC）

当交换局处于过负荷状态时，应向邻接局发送 ACC。拥塞分为两级，第一级为轻度拥塞，第二级为严重拥塞，要在 ACC 中指明拥塞级别。

5.4.3 简单的 TUP 信令过程

如果是 PSTN 网络,则两个交换机之间建立话路接续的过程中传递的信令就是 TUP 信令，下面仅给出典型的成功呼叫过程，来说明在呼叫过程中用到的消息。

5.4.3.1 前向挂机的信令过程

前向挂机的 TUP 信令如图 5.4-3 所示。

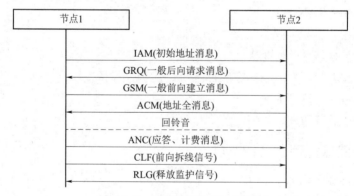

图 5.4-3　前向挂机的 TUP 信令

1. IAM（初始地址消息）

为建立呼叫而发出的第一个消息，含有被叫方为建立呼叫，确定路由的全部地址消息，其中就包含被叫号码。

2. GRQ（后向请求消息）

向发送方发出请求，请求主叫号码、主叫用户类别等。

3. GSM（前向建立消息）

GSM 和 GRQ 总是成对出现，GSM 是 GRQ 的响应。GRQ 是后向消息，用来请求来话局发送某种与呼叫有关的信息；GSM 是前向消息，发送 GRQ 所请求的信息。

4. ACM（地址全消息）

表示呼叫至被叫用户所需要的有关信息已全部收齐，在收到地址全消息后，去话局应接通所连接的话路。

如果需要导通检验，则在收到导通信令和结束局内检验之前，不发送地址全信令。来话交换局如已发送了 GRQ 消息，一定要在收到响应的 GSM 消息后才能送出地址全消息。如收不到 GSM，将导致前方局因收不到 ACM（20～30 s）而使呼叫失败。

5. ANC（应答、计费消息）

ANC 表示被叫摘机应答，发起方交换机开始计费程序。

6. CLF（前向拆线信号）

CLF 是最优先执行的信号，在呼叫的任一时刻，甚至在电路处于空闲状态时，如收到 CLF，都必须释放电路并发出 RLG。

7. RLG（释放监护信号）

RLG 对于前向的 CLF 信号的响应，释放电路。

5.4.3.2 后向挂机过程

我们对比一下前后向的挂机过程，就会发现它们的区别，如图 5.4–4 所示。

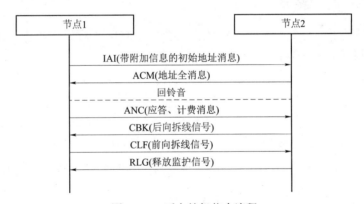

图 5.4–4 后向挂机信令流程

这一次的呼叫过程与上次不同的是，在向对方交换机送信令的时候，发送的是 IAI（带附加信息的初始地址消息），与 IAM 的具体区别就在于 IAI 不仅带有被叫信息，而且把主叫号码及原被叫地址全部带上，因此当对方交换机收到 IAI 消息后，就不需要再请求主叫号码了。

另外，一旦后向挂机，CBK（后向拆线信号）就会由对方送出。当前向收到此信号后，再重复前向挂机的过程，而不是直接向后向发应答消息，这也是 TUP 信令与 ISUP 信令的区别。

5.5 ISDN 电话应用部分（ISUP）

知识导读

掌握 ISUP 消息格式；ISUP 的呼叫流程。

5.5.1 概述

ISUP 在 TUP 的基础上，增加了非语音承载业务的控制协议和补充业务的控制协议。与 TUP 相比，ISUP 具有很多突出的特点：

（1）消息结构采用类似 SCCP 的灵活结构，虽然消息数量比 TUP 少，但消息携带的信息量丰富，能适应未来需要。

（2）规定了许多增强功能，尤其是端到端信令，可以实现 ISDN 用户之间消息的透明传递。

（3）信令程序简单明了。

（4）功能强大，能支持各种语音、非语音业务和补充业务。

5.5.2 ISUP 消息格式

ISUP 消息借助于信号单元在信号链路上传送。与 TUP 一样，消息也是在信号信息字段 SIF 中传递。其格式如图 5.5-1 所示。

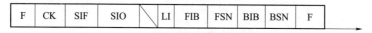

The first transmitted bit

图 5.5-1 ISUP 消息在 SIF 上的传送格式

ISUP 处理的 SIF 作为 8 位位组的堆栈方式出现，由路由标记、电路识别码、消息类型编码、必备固定部分、必备可变部分和任选部分组成，如表 5.5-1 所示。

表 5.5-1 ISUP 消息

路由标记
电路识别码
消息类型编码
必备固定部分
必备可变部分
任选部分

1. 路由标记

路由标记的格式如图 5.5-2 所示。

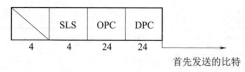

图 5.5-2 ISUP 消息路由标记格式

图 5.5-2 中，DPC 为目的信令点编码，表示消息要发送的目的地的信令点编码；OPC 称为源信令点编码，表示发送消息的信令点的编码；SLS 是信令链路选择，用于进行负荷分担。SLS 为 8 位，目前只用了 4 位，且是 CIC 的低 4 位。

2. 电路识别码 CIC

ISUP 消息电路识别码格式如图 5.5-3 所示。

图 5.5-3 ISUP 消息电路识别码格式

CIC 是消息的源信令点和目的信令点之间相连电路的编码。

ISUP 消息的电路识别码（CIC）共有两个 8 位位组，目前用低 12 比特，其余 4 比特备用（为 0000）。

3. 消息类型编码

消息类型编码由一个 8 位位组字段组成，且对所有的消息都是必备的。消息类型编码统一规定了每种 ISUP 消息的功能和格式，如表 5.5-2 所示。

表 5.5-2 消息类型编码

消息类型	编 码
地址全	00000110
应答	00001001
闭塞	00010011
闭塞证实	00010101
呼叫进展	00101100
电路群闭塞	00011000
电路群闭塞证实	00011010
电路群询问	00101010
电路群询问响应	00101011
电路群复原	00010111

续表

消息类型	编　码
电路群复原证实	00101001
电路群解除闭塞	00101001
电路群解除闭塞证实	00011011
混乱	00101111
连接	00000111
导通	00000101
导通检验请求	00010001
性能拒绝	00100001
性能请求	00011111
初始地址	00000001
网络资源管理	00110010
释放	00001100
释放完成	00010000
电路复原	00010010
恢复	00001110
后续地址	00000010
暂停	00001101
解除闭塞	00010100
解除闭塞证实	00010110
用户部分可用	00110101
用户部分测试	00110100

4. 必备固定部分

对于一个指定的消息类型，必备且有固定长度的那些参数包括在必备固定部分。参数的位置、长度和顺序统一由消息类型规定。因此，在该消息中不包括该参数的名字和长度表示语。

5. 必备可变部分

长度可变的必备参数将包括在必备可变部分。指针用来表明每个参数的开始，每个指针按照一个8位位组表明。每个参数的名字和指针的发送顺序隐含在消息类型中，参数的数目和指针的数目统一由消息类型规定。

指针也用来表示任选部分的开始。如果消息类型表明不允许有任选部分，则这个指针将不存在。如果消息类型表明可能有任选部分，但在这个特定的消息中又不包括任选部分，则指针字段为全 0。

所有的指针在必备可变参数的开始连续发送，每个参数包括参数长度表示语和参数内容。

6. 任选部分

任选部分也由若干个参数组成，参数有固定长度和可变长度两种。每一任选参数应包括参数名（一个 8 位位组）、长度表示语（一个 8 位位组）和参数内容。如果有任选参数，则在所有的任选参数发送以后，将发送"任选参数结束"8 位位组，该 8 位位组为全 0。

5.5.3 ISUP 消息解释

1. IAM：初始地址消息

IAM 发送地址和路由信息以及其他和处理呼叫有关的信息，还可以包括与补充业务和网络利用有关的其他信息。

2. ACM：地址全消息

ACM 表明已收到为该呼叫选路到被叫用户所需的所有地址信号。

3. SAM：后续地址消息

SAM 表示在初始地址消息后前向发送的消息，用来传送附加的被叫用户码信息。

4. ANM：应答消息

ANM 表明呼叫已应答，用以启动计费设备开始向主叫用户计费。

5. REL：释放消息

REL 表明电路根据所提供的原因正在释放，当收到释放完成消息时，电路转移到空闲状态。如果呼叫要前向转移或者要重新选路，则在该消息中传送相应的表示语和改发的地址。

6. RLC：释放完成消息

RLC 用以响应收到的释放消息，或在当电路已变成空闲状态时响应电路复原消息。

7. CPG：呼叫进展消息

在呼叫建立或激活阶段，表明某一具有意义的事件出现，应把它转送给始发接入或终端接入。CPG 消息的使用有两个用途，一个是对于那些采用 Early ACM 方式的移动交换局使用；另一个是在呼叫前转过程中使用 CPG 消息。

8. SUS：暂停消息

SUS 表明主叫用户或被叫用户暂时断开。

9. RES：恢复消息

RES 表示主叫用户或被叫用户在暂停后又重新连接。

10. INR：信息请求

INR 表示交换局为了请求与某呼叫有关的信息而发送的消息。

11. INF：信息

INF 表示为了传送与某呼叫有关的信息而发送的消息，这些信息可以在信息请求消息中请求。

12. COT：导通

COT 表明在前面的电路上是否有导通，以及随后的交换局表明所选好的电路，包括检查跨局通道的可靠性是否在规定的范围内。

13. CON：连接

CON 表示后向发送的消息，表明已收到将呼叫选路到被叫用户所需的全部地址信号且已应答。

14. BLO/BLA：闭塞/闭塞证实消息

BLO 是为了维护目的，向单条电路另一端的交换局发送的消息，以便使这条电路对该交换局的后续出局呼叫呈现占用状态。除非对该工作的双向电路也发送了闭塞消息，否则该电路应能接收发送闭塞消息的交换局的来话呼叫。

BLA 是响应 BLO 而发送的消息，表明该电路已闭塞。

15. UBL/UBA：解除闭塞/证实消息

UBL 是单条电路一端的交换局为撤销先前因发送闭塞消息或电路群闭塞消息导致的电路占用状态而发送的消息。

UBA 是响应 UBL 而发送的消息，表明该电路已解除闭塞。

16. CGB/CGBA：电路群闭塞/闭塞证实消息

CGB 是向所识别的电路群的另一端的交换局发送的消息，以便使该电路群对该交换局的后续出局呼叫呈现占用状态，除非对该工作的双向电路群也发送了闭塞消息，否则该电路群应能接收发送电路群闭塞消息的交换局的来话呼叫。

CGBA 是响应 CGB 消息而发送的消息，表明对所请求的电路群已经闭塞。

17. CGU/CGUA：电路群解除闭塞/解除闭塞证实消息

CGU 用于解除某电路群的闭塞状态。

CGUA 是响应 CGU 消息而发送的消息，用以指示所请求的电路群已解除闭塞。

18. RSC：电路复原消息

由于存储器故障或其他原因，为释放电路而发送的消息，该消息用于复原单条电路。

5.5.4 典型的呼叫流程

5.5.4.1 ISUP 与 ISUP 之间的配合

移动 ISUP 至 PSTN ISUP 正常的本地接续，如图 5.5–4 所示。

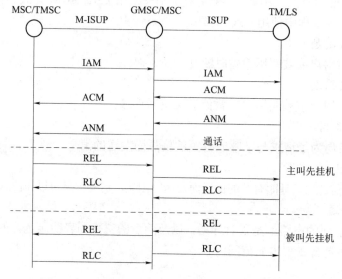

图 5.5–4 移动 ISUP 至 PSTN ISUP 正常的本地接续

5.5.4.2 ISUP 与 TUP 之间的配合

下面以移动 ISUP 至 PSTN TUP 间的配合为例，如图 5.5–5 所示。

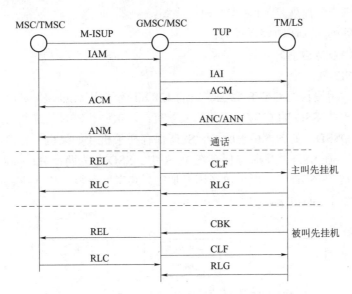

图 5.5–5 移动 ISUP 至 PSTN TUP 正常的本地接续

5.6 MAP 业务流程

知识导读

掌握基础业务流程。

5.6.1 鉴权业务

5.6.1.1 基本概念

非法用户通过复制手机，利用尖端技术来将非法获得的设备序列号与移动电话标识相匹配，使呼叫者能够对无线网络进行未经授权的访问。鉴于无线网络的开放性，必要的安全手段应运而生，CDMA 鉴权技术就是其中的一种。

鉴权目的就是检验终端的合法性，保护合法用户利益，同时避免给运营商带来不必要的损失。

1. A-Key

发布给一个 CDMA 蜂窝电话的一个鉴权密钥，A-Key 的长度为 64 bit。A-Key 需要被烧制在手机中（如果机卡分离，则存储在 UIM 卡中），并存储在网络侧的鉴权中心（AUC）中。在鉴权算法中，A-Key 属于主钥（Master Key），可以根据 CAVE 算法产生 128 bit 的子钥

（Sub-Keys），也就是 SSD-A 和 SSD-B，用于语音加密和消息加密，以检验手机的合法性，保护用户的权益，避免给运营商带来不必要的损失。

A-Key 是可改写的，但是改写的方式限于以下几种方式：

手机（如果机卡分离就是 UIM 卡）出厂烧制；

移动网络服务供应商在销售点改写；

OTASP（空中业务激活）。

2. SSD-A/SSD-B

根据 A-Key，用授权的 CAVE 算法算出的 128 bit 的子钥（Sub-Keys），称为共享加密数据（SSD）。作为产生 SSD 的 CAVE 算法的入参有：A-Key、ESN（或者 UIMID）和网络提供的随机数 RANDSSD，如图 5.6-1 所示。SSD 保存在手机（如果机卡分离，则存储在 UIM 卡中）和 AUC 中，在 SSD 共享时也保存在 VLR 中。SSD 分为两部分：高 64 bit 为 SSD-A，用于鉴权；低 64 bit 为 SSD-B，用于语音消息加密。共享加密数据和 A-Key 一样，不通过空中接口在 MS 和网络之间传送。

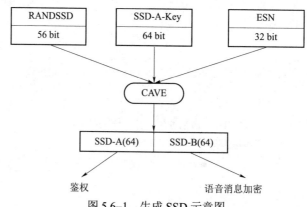

图 5.6-1　生成 SSD 示意图

3. CAVE 算法

CAVE 算法是 Cellular Authentication and Voice Encryption（蜂窝鉴权和语音加密）算法的缩写，是 CDMA 网络授权的鉴权加密算法。

4. 鉴权/SSD 更新中使用的其他参数

RAND：统一查询中使用，称为广播随机数。当网络开启需要鉴权后，基站修改寻呼信道 OverHead 消息参数，将 RAND 和 AUTH=1 这两个信息广播给基站下的所有用户（所有正在接入小区的移动台）。RAND 是周期性（每 3 s）广播给所有用户的。

AUTHR：统一查询产生的计算结果，用于比较鉴权的正确性。

RANDC：为 RAND 参数的低 8 bit。RANDC 送给网络侧，是为了给基站验证手机终端使用的 RAND 是否就是基站当前的 RAND 值。

COUNT：接入事件计数器，系统接入时移动台可根据情况对内部保存的 COUNT 计数值增 1，结果值同样放在初始接入消息中送给网络方。COUNT 校验，是识别网络中是否有仿制或伪冒移动台（即采用非法手段制作的"克隆"移动台）的一种有效手段，所以 COUNT 校验也称"克隆"检测。

假如一部手机被"克隆"，那么只要真手机和"克隆"机都在网上使用，两机所提供的 COUNT 值总归会有不同，而且由于网络记录的 COUNT 呼叫事件发生次数实际上是两机呼叫事件发生次数和，所以两机中任意一部在某次进行系统接入尝试时必定会出现手机的 COUNT 值与网络方保存的 COUNT 值不同的情形，网络即可据此认定有"克隆"存在，此时网络方除了拒绝接入外还可另外再采取有关措施，比如对移动台进行跟踪等。

RANDU：独特查询中使用的随机数。

AUTHU：独特查询中产生的计算结果，用于比较鉴权的正确性。

RANDSSD：网络侧生成的用户 SSD 更新计算的随机数。

RANDBS：用于 SSD 更新中基站查询的随机数。

AUTHBS：根据 RANDBS 计算出来的结果，用于验证 SSD 更新的正确性。

MIN1/MIN2：分别为 24 bit 和 10 bit，合起来构成 MIN，可以根据用户的 MIN 计算出来。

5.6.1.2 鉴权基本原理

1. SSD 更新

用户在注册登记时，被分配一个用户号码（MDN）、用户识别码（MIN）和保密键 A–Key。MIN、A–Key 通过空中激活业务或者专用设备写入用户的手机中。通过 SSD 更新过程，在 AUC 和用户的手机中均生成共享保密参数 SSD，用于以后的鉴权和加密算法的计算，SSD 生成算法示意图如图 5.6–2 所示。

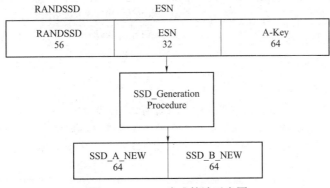

图 5.6–2　SSD 生成算法示意图

当拜访地的 VLR 支持 SSD 共享时，该 SSD 在 VLR 中也有保存。128 位的 SSD 被分成两部分，用于鉴权计算的 64 位的 SSD_A 和用于加密计算的 64 位的 SSD_B。

2. 鉴权算法

鉴权算法示意图如图 5.6–3 所示。

CDMA 鉴权采用的是 CAVE（Cellular Authentication and Voice Encryption algorithm）算法，有以下几种情况。

登记或终呼时：由 RAND（32 位）、MIN1（24 位）、ESN 和 SSD–A 生成。

始呼时：由 RAND，AUTHDATA（24 位，一般是被叫号码），ESN 和 SSD–A 生成。

独特查询：由 RANDU+MIN2 低 8 位（共 32 位）、MIN1、ESN 和 SSD–A 生成。

基站查询：由 RANDBS（32 位）、ESN 和 SSD–A 生成。

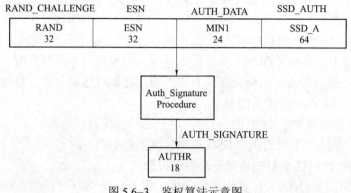

图 5.6–3　鉴权算法示意图

5.6.1.3　登记时的鉴权

登记时的鉴权流程如图 5.6–4 所示。

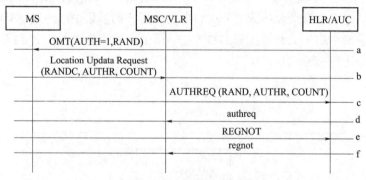

图 5.6–4　登记时的鉴权流程

　　a. MS 从总体信息中确定已进入新的服务系统，并且所有系统接入都要求鉴权（AUTH=1）。用于鉴权的随机数（RAND）也应在此时获得，如果没有，MS 用零值代替。MS 用 RAND 和当前存储的 SSD–A、MS 的 ESN、MIN1 执行 CAVE 程序产生一个登记鉴权结果（AUTHR）。

　　b. MS 在新的服务 MSC/VLR 中登记，在 Location Update Request 消息中提供 MIN/ESN、AUTHR、RANDC、COUNT 等鉴权参数。

　　c. MSC/VLR 向 HLR/AUC 发送鉴权请求消息 AUTHREQ，HLR/AUC 核实由 MS 所报告的 MIN 和 ESN。然后 AUC 用 RAND、SSD–A、MS 的 ESN、MIN1 执行 CAVE 产生登记鉴权结果（AUTHR）。AUC 判断从 MS 收到的 AUTHR 是否符合它执行 CAVE 的结果。

　　d. HLR/AUC 向 MSC/VLR 返回鉴权结果 authreq。

　　e. 如果鉴权成功，则 MSC/VLR 发起登记业务。

　　f. HLR 返回登记结果。

5.6.1.4　SSD 共享时的 SSD 更新

　　当移动台、AUC 中的 SSD 数值不匹配时，或 AUC 出于安全原因考虑，需要对移动台进行 SSD 更新。

　　SSD 共享时的更新流程如图 5.6–5 所示。

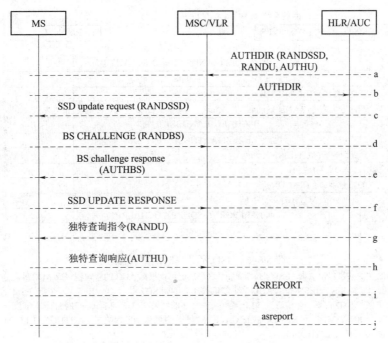

图 5.6-5 SSD 共享时的更新流程

a. AUC 决定 MS 中的共享保密数据（SSD）必须更新。这个决定可以根据 AUC 的管理程序或 AUC 鉴权定时器超时等原因做出。AUC 用 MS 的密钥（A-Key）、ESN 和由 AUC 产生随机数（RANDSSD）执行 CAVE 产生一个新的 SSD 值。

注意：AUC 必须保留 SSD 的新、老值直到 VLR 通知更新程序的结果。AUC 选择一个独特查询随机变量（RANDU），并且用新的 SSD-A、ESN、MIN1、MIN2 和 RANDU 执行 CAVE 产生一个独特查询鉴权响应（AUTHU）。HLR/AUC 向用户当前服务 MAC/VLR 发送。AUTHDIR 发送鉴权指令消息（AUTHDIR）。

b. MSC/VLR 收到该信息后，返回一个空的鉴权指令响应消息（AUTHDIR），表示已收到消息。

c. MSC/VLR 向 MS 发送一个 SSD 更新指令，其中包含了由 AUC 提供的 RANDSSD 值。该消息可以在控制信道上传送或在语音/业务信道上传送。

d. MS 用 ESN、密钥（A-Key）和 RANDSSD 执行 CAVE，以产生一个新的 SSD 值。MS 选择一个随机数（RANDBS）并向服务 MSC 发送基站查询指令，包括 RANDBS。然后 MS 用新的 SSD-A、ESN、MIN1 和随机数（RANDBS）执行 CAVE，以产生一个鉴权结果（AUTHBS）。

e. MSC/VLR 用新的 SSD-A、ESN、MIN1 和 RANDBS 执行 CAVE，以产生一个鉴权结果（AUTHBS），并将 AUTHBS 返回至手机侧。

f. 如果由 MSC/VLR 提供的 AUTHBS 的结果符合由 MS 计算的值，则 MS 存储这一新的 SSD 值，并且在将来执行 CAVE 时使用新的 SSD。MS 向服务 MSC 发送 SSD 更新确认消息。

g. MSC/VLR 用 AUTHDIR（步骤 a）中提供的 RANDU 向 MS 发送独特查询指令。

h. MS 用当前存储的 RANDU 和 SSD-A、ESN、MIN1 和 MIN2 执行 CAVE 产生独特查询鉴权响应（AUTHU），然后通过独特查询响应将 AUTHU 发送给 MSC/VLR。

i. MSC/VLR 对 AUTHDIR 中（步骤 a）提供的 AUTHU 值和从 MS 收到的值进行比较。MSC/VLR 向 HLR/AUC 发送 ASREPORT 报告已成功完成 SSD 更新，VLR 还会删除 SSD。

j. AUC 存储新的 SSD 值，在将来执行 CAVE 时使用新的 SSD。AUC 发送一个 asreport，指明可以向 MS 提供业务。AUC 可以在 asreport 中加入新的 SSD 值，以说明与 VLR 共享新的 SSD 值。

5.6.1.5　SSD 不共享时的 SSD 更新

SSD 不共享时的更新流程如图 5.6-6 所示。

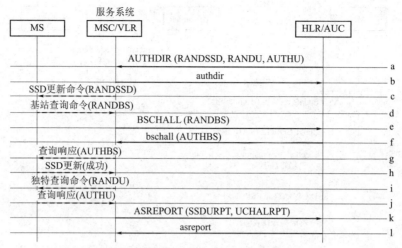

图 5.6–6 SSD 不共享时的更新流程

a. AUC 决定 MS 中的共享保密数据（SSD）必须更新。这个决定可以根据 AUC 的管理程序或 AUC 鉴权定时器超时等原因做出。AUC 用 MS 的密钥（A–Key）、ESN 和由 AUC 产生随机数（RANDSSD）执行 CAVE 产生一个新的 SSD 值。

注意：AUC 必须保留 SSD 的新、老值直到 VLR 通知更新程序的结果。AUC 选择一个独特查询随机变量（RANDU），并且用新的 SSD–A、ESN、MIN1、MIN2 和 RANDU 执行 CAVE 产生一个独特查询鉴权响应（AUTHU）。HLR/AUC 向用户当前服务 MAC/VLR 发送鉴权指令消息（AUTHDIR）。

b. MSC/VLR 收到该信息后，返回一个空的鉴权指令响应消息（AUTHDIR），表示已收到消息。

c. MSC/VLR 向 MS 发送一个 SSD 更新指令，其中包含了由 AUC 提供的 RANDSSD 值。该消息可以在控制信道上传送或在语音/业务信道上传送。

d. MS 用 ESN、密钥（A–Key）和 RANDSSD 执行 CAVE，以产生一个新的 SSD 值。MS 选择一个随机数（RANDBS）并向服务 MSC 发送基站查询指令，其中包括 RANDBS。然后 MS 用新的 SSD–A、ESN、MIN1 和随机数（RANDBS）执行 CAVE，以产生一个鉴权结果（AUTHBS）。

e. MSC/VLR 向 HLR/AUC 发送基站查询消息（BSCHALL），要求响应 MS 的基站查询指令，其中包括 RANDBS。

f. AUC 采用新的 SSD–A、ESN、MIN1 和 BSCHALL 提供随机数（RANDBS），执行 CAVE 以产生一个鉴权结果（AUTHBS）。AUTHBS 值在基站查询消息返回结果（bschall）中返回至 MSC/VLR。

g. MSC/VLR 在基站查询响应消息中将 AUTHBS 返回至手机侧。

h. 如果由 AUC 提供的 AUTHBS 结果符合 MS 的计算值，则 MS 存储这一新的 SSD 值，并且在将来执行 CAVE 时使用新的 SSD。MS 向服务 MSC 发送 SSD 更新确认消息。

i. MSC/VLR 用 AUTHDIR（步骤 a）中提供的 RANDU 向 MS 发送独特查询指令。

j. MS 用当前存储的 RANDU 和 SSD–A、ESN、MIN1 和 MIN2 执行 CAVE，以产生独特查询鉴权响应（AUTHU），然后通过独特查询响应将 AUTHU 发送给 MSC/VLR。

k. MSC/VLR 对 AUTHDIR 中（步骤 a）提供的 AUTHU 值和从 MS 收到的值进行比较。MSC/VLR 向 HLR/AUC 发送的 ASREPORT 报告已成功完成 SSD 更新。

l. AUC 存储新的 SSD 值，在将来执行 CAVE 时使用新的 SSD。AUC 发送一个 asreport，指明可以向 MS 提供业务。

5.6.2　移动性管理业务

5.6.2.1　概述

由于移动用户的移动性，移动用户的位置常处于变动状态。为了呼叫业务、短消息业务、补充业务等处理时便于获取移动用户的位置信息，同时也为了提高无线资源的有效利用率，要求移动用户在网络中进行位置信息登记和报告移动用户的激活状态。

CDMA 系统支持以下 9 种不同形式的登记。

（1）开机登记：当 MS 开机或者从模拟系统切换到 CDMA 系统时，MS 发起登记。

（2）关机登记：如果 MS 已经在当前服务系统中登记，则 MS 关机时，MS 发起登记。

（3）周期性登记：当定时器超时时，MS 发起登记。

（4）基于距离的登记：当当前的基站和上次登记的基站之间的距离超过门限时，MS 发起登记。

（5）基于区域的登记：当 MS 进入新的登记区时，MS 发起登记。

（6）参数改变登记：当 MS 进入一个新的系统或者 MS 存储的参数发生改变时，MS 发起登记。

（7）受令登记：MS 应基站的要求而登记。

（8）隐含登记：当 MS 成功地发送始呼消息或者寻呼响应消息时，网络能够推断 MS 的位置，这可以被认为隐含登记。

（9）业务信道登记：当网络获得了已经指配了业务信道的 MS 的登记信息，网络可以通知 MS，已经登记了。

5.6.2.2 MS 开机

MS 开机流程如图 5.6–7 所示。

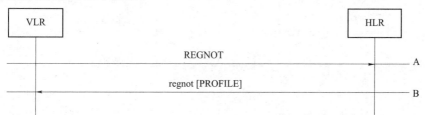

图 5.6–7 MS 开机流程

（1）VLR 向 HLR 发起登记。

（2）HLR 收到用户的登记请求，根据请求中的入参，将用户的项目清单或批准信息填入登记请求响应信令，发到 VLR。

5.6.2.3 MS 去活

MS 去活用于指明 MS 停止活动，或者由于管理目的而将 MS 记录从 VLR 中删除。

一般有以下两种情况：

1. 用户关机处理

当用户关机时，MS 向 VLR 发送关机登记消息，VLR 向 HLR 报告 MS 去活消息 MSINACT，之后删除 MS 在 VLR 数据库中的数据。

2. VLR 保护时间到

当用户未能按照指定的周期（即 BSC 周期性位置更新时间，默认为 30 min）进行周期性登记后，经过一定的保护时间（即 VLR 位置更新保护时间，默认为 15 min）仍然没有向网络进行注册，VLR 即向 HLR 报告 MS 去活消息 MSINACT；但 VLR 并不删除用户的数据，仅修改用户的去活标志。MS 去活流程如图 5.6–8 所示。

（1）由于用户关机、长时间不活动等原因，VLR 决定发起用户去活操作，同时，从 VLR 数据库中删除用户记录或者把用户置为去活状态。

（2）HLR 收到 MS 去活操作，删除指向 VLR 的指针，或者把用户状态置为去激活态（INACTIVE），并返回用户去活响应 msinact。

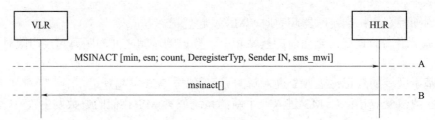

图 5.6-8　MS 去活流程

5.6.2.4　系统间漫游

典型的登记处理流程如图 5.6-9 所示。

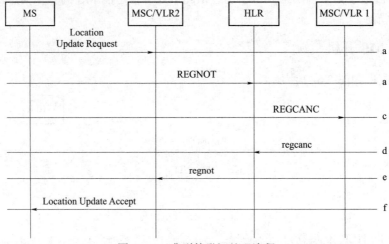

图 5.6-9　典型的登记处理流程

a. 基站接收到移动台的登记请求后，向当前服务系统（MSC/VLR2）发送 Location Update Request 消息，启动登记流程。

b. 当前服务系统向移动台归属 HLR 发送登记通知消息 REGNOT。目的是报告 MS 的位置（MSCID）；报告 MS 的状态；获得 MS 的批准信息（批准周期）；获得该用户的服务项目清单。

c. 如果 MS 曾在别处登记过，则 HLR 向以前的系统 MSC/VLR1 发送取消登记消息 REGCANC，目的是请求 MSC/VLR1 从数据库中删除该移动台的所有记录。

d. MSC/VLR1 向 HLR 返回取消登记结果。

e. HLR 向 MSC/VLR2 返回登记通知结果，包含用户的项目清单或批准信息。

f. 如果成功登记，MSC/VLR2 向 BS 发送 Location Update Accept 消息，指示移动台已成功登记。

5.6.3　呼叫业务

5.6.3.1　呼叫相关的基本概念

（1）主叫：发起呼叫的用户。

（2）被叫：接收呼叫的用户。

（3）局内呼叫：主叫用户与被叫用户在同一个 MSC/VLR。

（4）局间呼叫：主叫用户与被叫用户在不同的 MSC/VLR。

基本呼叫类型根据主被叫的不同可划分为：

（1）主被叫为本网用户，局内呼叫。

（2）主被叫为本网用户，局间呼叫。

（3）主叫为本网用户，被叫为外网用户，发话出局。

（4）主叫为外网用户，被叫为本网用户，入局受话。

5.6.3.2 CDMA 用户呼叫本局 CDMA 用户正常流程（局内呼叫）

CDMA 用户呼叫本局 CDMA 用户正常流程（局内呼叫）如图 5.6–10 所示。

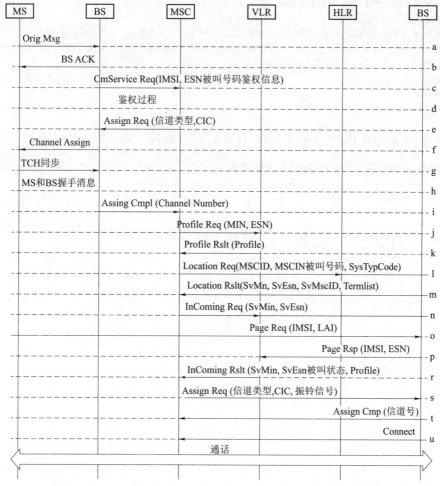

图 5.6–10 CDMA 用户呼叫本局 CDMA 用户正常流程（局内呼叫）

a. MS 请求业务，发送始发消息给基站。

b. 基站收到后回证实消息。

c. BS 构造一个 CM 业务请求消息，将其发送给 MSC，此消息中包含主叫用户的信息（IMSI）和用户的拨号（Callednum）。

d. 系统开始一个鉴权过程。

e. MSC 选择一条与该基站相连的空闲中继电路，向 BSC 发送 Assign Req，请求指配无线信道。其中消息中含有电路号 CIC，要求指配的信道类型。

f. 如果有用于该呼叫的业务信道并且 MS 不在业务信道上，BS 将在空中接口的寻呼信道上发送信道指配消息（带 MS 的地址）以启动无线业务信道的建立。

g. MS 开始在分配的反向业务信道上发送同步码。

h. MS 和 BS 之间传送一些证实消息以及业务信道配置信息。

i. 无线业务信道和地面电路均建立并且完全互通后，BS 向 MSC 发送指配完成消息，并认为该呼叫进入通话状态。

j. MSC 从 VLR 中获得主叫用户的开户信息，判断主叫是否有起呼权限。

k. VLR 返回主叫的服务项目清单。

l. MSC 分析被叫号码，判断是一个 C 网用户，向被叫所在的 HLR 发送 Location Req，其中带上始发 MSCID、MSCIN、被叫号码、系统类型码等参数。

m. HLR 中存有被叫用户的位置信息，将主叫用户的 MSCID 与被叫用户的 MSCID 做比较，发现相同，返回 locreq 的响应消息，其中带有被叫用户的位置信息类型为本地终端。

n. MSC 向 VLR 发送入呼消息（根据被叫的 Min 查询数据库，确定当前的被叫在那个 VLR 模块中），要求 VLR 寻呼被叫，并对被叫的接入进行鉴权。

o. MSC 向 BSC 发送 Page Req 消息，指令中带有被叫用户的 IMSI 和与 MSC 相连的 BSC 所在的 LAI，请求寻呼被叫。

p. BSC 寻呼到被叫用户向 MSC/VLR 发送 Page Rsp 消息。

q. 系统可能发起一个鉴权过程。

r. VLR 向 MSC 返回响应消息，携带被叫用户的开户信息；携带的被叫状态为空闲，表明用户状态正常，可以接续到被叫。

s. MSC/VLR 为被叫用户申请地面电路后，向 BSC 发送 Assign Req，请求为被叫用户指配无线信道。此消息中含有为被叫用户显示的主叫用户的号码，显示是否允许等标识以及振铃信号。

t. 指配成功。

u. 被叫摘机。

v. 进入通话态。

5.6.3.3　CDMA 用户呼叫它局 CDMA 用户正常流程（局间呼叫）

CDMA 用户呼叫它局 CDMA 用户正常流程（局间呼叫）如图 5.6–11 所示。

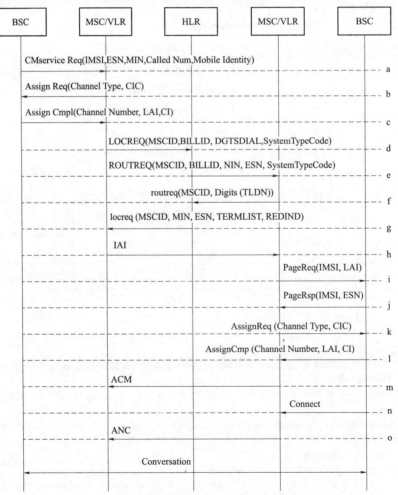

图 5.6–11　CDMA 用户呼叫它局 CDMA 用户正常流程（局间呼叫）

a. BSC 向 MSC/VLR 发送 CMService Req（接续管理业务请求），这是一条完全第三层消息，此消息中包含主叫用户的信息（IMSI）和用户的拨号（Called Num）。

b. MSC/VLR 申请地面电路（BSC 和 MSC 之间的中继电路）后，向 BSC 发送 Assign Req，请求指配无线信道。其中消息中含有电路号 CIC，要求指配的信道类型。

c. BSC 返回 Assign Cmpl 消息，表示无线信道指配成功。其中含有指配的无线信道的信道逻辑号码，主叫用户所在的 LAI，CI 用于确定主叫用户的具体位置）。

d. 此时主叫用户对资源已申请完毕，可以说主叫用户的呼叫已建立成功，MSC 对被叫号码进行号码分析，号码分析的结果决定业务的流程，在此例中号分析的结果未 MSC_NORMAL，表示用户拨打的是一个 CDMA 网内移动号码，其中号码分析的结果 MSC/VLR 向被叫用户归属的 HLR 发送 LOCREQ 请求被叫的位置信息。其中用 MSCIN 作为此信令的源 GT 号码，被叫用户的 MDN 号码作为目的 GT 号码。这样此信令便能发送给用户归属的 HLR。LOCREQ 信令中带有主叫用户始发的 MSCID，用来表示主叫所在的 MSC。

e. HLR 中存有被叫用户的位置信息，根据 LOCREQ 信令中的 MSCID 发现主被叫用户不在同一个 MSC/VLR，向被叫用户所在的 MSC/VLR 发送 ROUTREQ（路由请求消息）。其中此消息中带有主叫用户的号码，主叫用户所在的 MSCID，MSCIN，被叫用户的 MIN、ESN、BILLID 等信息，要求服务的 MSC/VLR 返回被叫的路由信息。所用的目的 GT 号码是被叫的所在的 MSCIN，源 GT 号码是 HLRIN。

f. 被叫服务的 MSC/VLR 返回 routreq 消息，其中带有服务的 MSC/VLR 为被叫用户分配的 TLDN 号码。TLDN 号码是临时本地号码，是服务的 MSC/VLR 为拜访在它内的被叫用户分配的，用于局间接续的号码，此号码与被叫的 MIN 号码是一一对应的，当收到始发局的 IAI 消息，根据 TLDN 得到 MIN 号码后，此 TLDN 号码便释放，可以供其他的用户使用。

g. HLR 返回 locreq 的响应消息，其中带有被叫用户的位置信息类型为局间。

h. 始发的 MSC/VLR 分析 locreq 消息中的地址号码（TLDN），发现不是本 MSC/VLR 分配的，便将其分析成本地出局业务，出局路由选择到分配此 TLDN 号码的服务的 MSC/VLR，发送 IAI（带有附加信息的初始地址消息）消息。其中带有主叫用户的号码，被叫用户的临时本地号码（TLDN）。

i. 服务的 MSC/VLR 分析 IAI 消息中的被叫号码（TLDN），发现是本 MSC/VLR 分配的，便将其分析成本地本局业务，向 BSC 发送 Page Req 消息，请求寻呼被叫，消息中带有被叫所在的 LAI，被叫的 IMSI。

j. BSC 寻呼到被叫用户向 MSC/VLR 发送 Page Rsp 消息。

k. 服务的 MSC/VLR 为被叫用户申请地面电路后，向 BSC 发送 AssignReq，请求指配无线信道。其中带有被叫用户要显示的主叫用户的号码，是否允许显示等标识。

l. BSC 返回 Assign Cmp 消息，表示无线信道指配成功。此时被叫用户已振铃。其中消息中带有被叫用户的具体位置，LAI，CI，此参数用户计费等。

m. 服务 MSC 向始发送 ACM（地址全消息），主叫用户开始听回铃音。

n. 被叫摘机，BSC 向 MSC/VLR 发送 Connect 消息。

o. 服务 MSC 向始发送 ANC（应答信号、计费），双方开始通话。

5.6.3.4　CDMA 用户呼叫 PSTN 用户正常流程（发话出局）

CDMA 用户呼叫 PSTN 用户正常流程（发话出局）如图 5.6–12 所示。

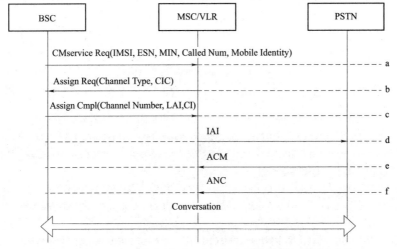

图 5.6–12　CDMA 用户呼叫 PSTN 用户正常流程（发话出局）

a. BSC 向 MSC/VLR 发送 CMService Req（接续管理业务请求），这是一条完全第三层消息，此消息中包含主叫用户的信息（IMSI）和用户的拨号（Called Num）。

b. MSC/VLR 申请地面电路（BSC 和 MSC 之间的中继电路）后，向 BSC 发送 Assign Req，请求指配无线信道。其中消息中含有电路号 CIC，要求指配的信道类型。

c. BSC 返回 Assign Cmpl 消息，表示无线信道指配成功。其中含有指配的无线信道的信道逻辑号码，主叫用户所在的 LAI，CI 用于确定主叫用户的具体位置，此标志用于计费等。

d. 此时主叫用户对资源已申请完毕，可以说主叫用户的呼叫已建立成功，MSC 对被叫号码进行号码分析，号码分析的结果决定业务的流程，在此例中号分析的结果为本地市话业务或国内长途业务或国际长途业务，视被叫号码而定，表示用户拨打的是一个 CDMA 网外号码，或 GSM 移动号码，或 PSTN 固定号码，此例为 PSTN 固定号码。其中号码分析的结果中的出局路由选择到 PSTN 局的，MSC 向 PSTN 发送 IAI（带有附加信息的初始地址消息）消息，其中带有主叫用户的号码，被叫用户的号码即用户的拨号。

e. PSTN 向 MSC 发送 ACM（地址全消息），此时被叫开始振铃，主叫用户听回铃音。

f. 被叫摘机，PSTN 向 MSC 发送 ANC（应答信号、计费），双方通话。

5.6.3.5 PSTN 用户呼叫 CDMA 用户正常流程（入局受话）

PSTN 用户呼叫 CDMA 用户正常流程（入局受话）如图 5.6–13 所示。

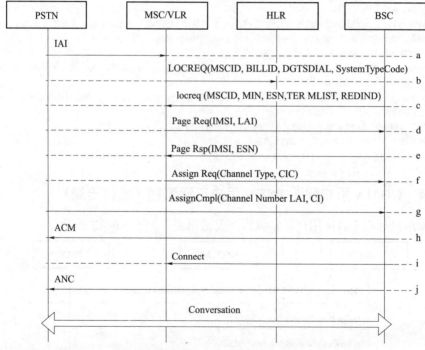

图 5.6–13 PSTN 用户呼叫 CDMA 用户正常流程（入局受话）

a. MSC/VLR 收到 PSTN 发送的 IAI（带有附加信息的初始地址消息）。MSC 对用户的拨号进行号码分析，号码分析的结果决定业务的流程，在此例中号分析的结果为 MSC_NORMAL 业务，表示用户拨打的是一个 CDMA 网内号码。其中号码分析的结果标识要向被叫用户归属的 HLR 发送 LOCREQ 消息。

b. MSC/VLR 向被叫用户归属的 HLR 发送 LOCREQ 请求被叫的位置信息。其中用 MSCIN 作为此信令的源 GT 号码，被叫用户的 MDN 号码作为目的的 GT 号码。这样此信令便能发送给用户归属的 HLR。LOCREQ 信令中带有主叫用户始发的 MSCID，用来表示主叫所在的 MSC。

c. HLR 中存有被叫用户的位置信息，将主叫用户的 MSCID 与被叫用户的 MSCID 做比较，发现相同，返回 locreq 的响应消息，其中带有被叫用户的位置信息类型为本地终端。

d. MSC 向 BSC 发送 Page Req 消息，指令中带有被叫用户的 IMSI 与 MSC 相连的 BSC 所在的 LAI，请求寻呼被叫。

e. BSC 寻呼到被叫用户向 MSC/VLR 发送 Page Rsp 消息。

f. MSC/VLR 为被叫用户申请地面电路后，向 BSC 发送 Assign Req，请求为被叫用户指配无线信道。此消息中含有为被叫用户显示的主叫用户的号码，显示是否允许等标识。

g. BSC 返回 Assign Cmpl 消息，表示无线信道指配成功。此时被叫用户已振铃。其中消息中带有被叫用户的具体位置，LAI，CI，此参数用户计费等。

h. MSC/VLR 向 PSTN 发送 ACM（地址全消息）。

i. 被叫摘机，BSC 向 MSC/VLR 发送 Connect 消息。

j. MSC/VLR 向 PSTN 发送 ANC（应答信号、计费），双方开始通话。

5.6.4 短消息业务

短消息是通过移动网的七号信令承载较短的数据包来实现个人简易数据通信的一种方式。短消息的正常传递过程分两个阶段，提交过程（MO）和投递过程（MT）。

5.6.4.1 提交短消息流程

MS 提交短消息的信令流程如图 5.6-14 所示。

（1）MSC 收到 MS 提交短消息。

（2）MSC 向短消息中心信令网关提交短消息 SMDPP。

（3）短消息中心正常接收消息后，返回给 MSC 确认接收。

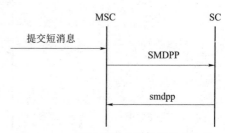

图 5.6-14 短消息提交消息的信令流程

5.6.4.2 投递短消息流程

短消息投递流程如图 5.6-15 所示。

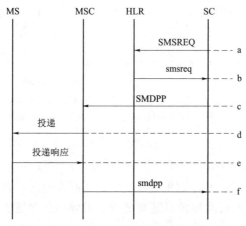

图 5.6-15 短消息投递流程

a. SC 向 HLR 查询被叫用户的位置信息。

b. HLR 返回查询结果，包含被叫所在 MSC/VLR 的地址信息。

c. 短消息中心向被叫所在 MSC 投递短消息。

d. MSC 收到该短消息后，向被叫用户投递。

e. 被叫用户成功接收短消息后，给 MSC 返回响应。

f. MSC 根据用户返回的响应向短消息中心返回成功接收的响应。

5.6.4.3 短消息通知流程

上述移动台接收短消息的信令流程为 MS 可正常接收短消息的情况。

在实际情况中，可能由于移动台不可及而暂时无法接收短消息。当短消息中心向移动台发送短消息失败时，根据短消息中心的设置，短消息中心采用不同的重发机制。我们主要针对用户关机和不可及两种情况描述重发。

1. 开机通知流程

当用户开机，登记消息送到 HLR 时，HLR 发现该用户 SMSDPF 置位，表示该用户短消息因为关机没有正常接收，HLR 向短消息中心发通知，通知短消息中心向该用户重发短消息。具体流程如图 5.6–16 所示。

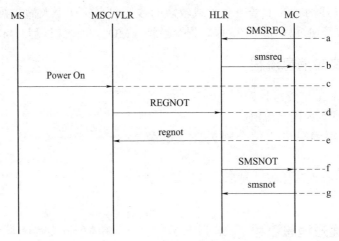

图 5.6–16   HLR 通知流程

a. 短消息中心向 HLR 查询被叫用户位置信息。

b. HLR 发现该用户关机，置位 SMSDPF 标志（HLR 内部关于短消息的一个标识），并向 SC 返回路由查询结果，SC 停止投递。

c. 用户开机。

d. MSC/VLR 发现数据库中无该用户信息，向 HLR 发起位置登记请求。

e. HLR 接到登记请求后，一方面完成位置登记响应，另一方面，HLR 发现 SMSDPF 已置位。

f. HLR 向短消息中心发通知请求，告诉短消息中心该用户目前具有接收短消息的能力。

g. 短消息中心给 HLR 回响应，并随即开始向该用户投递短信；HLR 接收到响应后清除 SMSDPF 标志。

2. 可及通知流程

当用户不在服务区时，网络向该用户发短消息，由于用户不可及而造成接收失败，VLR 在数据库中将该用户的 SMSDPF 标识置位。当用户重回服务区，进行位置更新或向网络发信息时，VLR 将向短消息中心发起短消息通知请求。具体流程如图 5.6–17 所示。

5.6.5 补充业务功能

补充业务的处理可分为两类操作：一类是各补充业务的登记，激活及去登记，去激活，这些均在业务请求中（即 FEATREQ 中完成）；另一类是在呼叫过程中补充业务的实现。

对于各种补充业务，CDMA 中定义了六种操作：

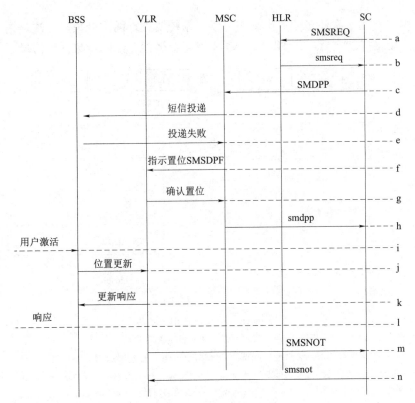

图 5.6–17 VLR 通知流程

a/b. SC 向 HLR 查询被叫用户的位置信息，HLR 返回被叫地址。

c. SC 向 MSC 投递短消息。

d. MSC 向手机用户投递短消息。

e. 由于用户不在服务区或其他原因，手机没有给网络响应，此次投递失败。

f. MSC 向 VLR 发出 SMSDPF 置位请求，标识手机有消息未收到。

g. VLR 置位后，给 MSC 应答。

h. MSC 向 SC 发出投递应答，其中包含投递失败的原因。

i. 手机重新出现在服务区，向网络报告其激活信息。

j~l. 手机进行位置更新，并更新成功。

m. VLR 查询到该用户 SMSDPF 置位，则向短消息中心信令网关发出短消息通知请求。

n. SC 将响应消息送回 VLR，VLR 将该用户 SMSDPF 清除。之后，短消息中心将完成该用户的投递过程。

（1）提供：业务提供者使业务对用户成为可用的操作。

（2）撤销：业务提供者使业务对用户成为不可用的操作。

（3）登记：业务提供者或用户进行，使业务可以执行的一种操作，主要包括输入必要的信息。

（4）删除：业务提供者或用户进行，用于删除登记时输入的信息。

（5）激活：使业务进入"准备提供服务"状态。

（6）去活：与激活操作相反的操作。

5.6.5.1 补充业务申请流程

补充业务申请流程如图 5.6–18 所示。

当一个用户发起一次补充业务申请的时候，系统要进行两次处理，一次是由 MSC 发起的申请过程，申请成功之后，由 HLR 向 VLR 发起资格指令，同步数据库信息。

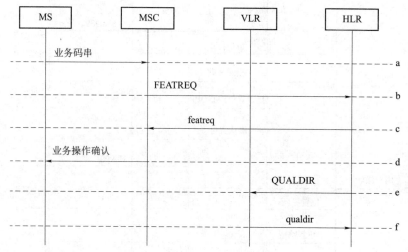

图 5.6–18　补充业务申请流程

a. 服务 MSC 接收拨号数字。在分析拨号数字的过程中服务 MSC 发现业务码串。

b. 服务 MSC 向与 MS 有关的 HLR 发送业务申请消息（FEATREQ），其中包括拨号数字。

c. HLR 向服务 MSC 发送业务申请消息返回结果（featreq），其中包括业务请求确认指示，另外，还可以包括规定服务 MSC 应当采取的措施的参数。另外，若业务操作确认后提供呼叫路由，还在终端列表参数提供路由信息。

d. 从 HLR 接收到 featreq 后，服务 MSC 根据 featreq 中的信息对被服务 MS 予以处理，在本条情况下，应当提供业务确认信息。

e. 如果业务请求使 MS 的服务项目清单发生变化，HLR 通过资格指令消息（QUALDIR）向 VLR 报告这一变化，修改 VLR 数据库相关补充业务信息。

f. VLR 向 HLR 发送资格指令消息返回结果（qualdir）。

5.6.5.2　无条件呼叫前转（CFU）

移动用户的该补充业务被激活时，该用户的所有入呼叫将被无条件前转到该用户所登记的第三方用户。第三方用户可以是移动网、公网、专网的用户，也可以是语音邮箱等实体。无条件呼叫前转流程如图 5.6–19 所示：

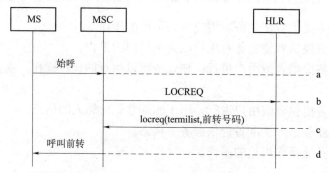

图 5.6–19　无条件呼叫前转流程

a. 由始发 MSC 接收呼叫始发和 MS 的号码簿号码。

b. 始发 MSC 向与 MS 有关的 HLR 发送 LOCREQ，这一关系由 MS 的号码簿号码确定。

c. HLR 根据 MS 的服务项目清单确定无条件呼叫前转是否激活。它向始发 MSC 发送 locreq，在终端列表参数中提供前转号码和其他路由信息。

d. 然后始发 MSC 按规定的前转号码建立呼叫。

5.6.5.3　遇忙呼叫前转（CFB）

移动用户的该业务被激活后，则该移动用户的入呼叫在用户忙时被前转到用户所登记的第三方用户。遇忙呼叫前转流程如图 5.6-20 所示：

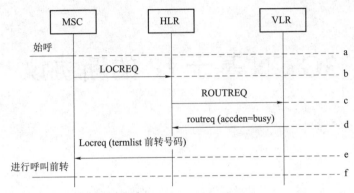

图 5.6-20　遇忙呼叫前转流程

a. 始发 MSC 收到一个呼叫开始和 MS 号码簿号码。

b. 始发 MSC 向与 MS 有关的 HLR 发送一个 LOCREQ，这一关系是通过 MS 的号码簿号码确定的。

c. 如果 MS 号码簿号码分配给了一个合法用户，HLR 向 MS 登记处的 VLR 发送 ROUTREQ。

d. 在响应 ROUTREQ 的过程中，VLR 核对其内部数据结构并且确定 MS 正在进行另一呼叫。服务 VLR 在 routreq 中向 HLR 发送 routreq，返回 MS 的状态。

e. HLR 从服务项目清单中确定遇忙呼叫前转是否激活。HLR 向始发 MSC 发送 locreq，提供前转号码以及在终端列表参数中的其他路由选择信息。

f. 始发 MSC 建立一个至前转号码的呼叫。

本章小结

本章节向大家介绍了七号信令相关的协议，重点介绍了 MTP，SCCP，IUSP 等协议的结构及应用，便于在后续实验操作课程当中建立链路协议实用。

 思考题

1. 七号信令的概念及分类是什么？
2. 我国信令网的组成结构是什么？
3. 我国信令的编码格式是什么？
4. MTP，SCCP，IUSP 协议功能是什么？

第6章

3G CN 基于 IP 的新协议

6.1 H.248 协议

 知识导读

掌握 H.248 协议的概念、构成。

6.1.1 概述

H.248 协议和 MGCP（媒体网关控制协议）是目前流行的两大网关控制协议，应用于媒体网关控制器 MGC 对网关 MG 的控制，实现在分组网上的语音承载。协议体现了控制功能和媒体转换功能分离的思想，这两部分功能分别封装在 MGC（媒体网关控制器）和 MG（媒体网关）中。

H.248 是 ITU–T 推动的网关控制协议，在 IETF 中也称为 Megaco 协议。与 MGCP 相比，H.248 协议加入了电信级设备的考虑因素，具有丰富的描述符、参数和功能包，所以 H.248 更适合作为电信级设备的网关控制协议。H.248 协议的每个消息由一个消息头 AH 及若干个事务 Transaction 构成，每个事务又由一个或多个动作 Action 组成，每个动作又包含一系列命令 Command，如图 6.1–1 所示。

消息头是标识消息发送者的标识符，由协议版本字段（MEGACO/1）和消息发送者名称（这里是 IP 地址+传送协议 SCTP 的端口号 ［168.1.1.2］：2944）组成。

H.248 最关键的两个概念就是终端（Termination）和上下文（Context），它们是 H.248 协议连接模型使用的主要抽象概念，其他比较关键的概念是包、命令、描述符、事务。这些概念在下文中将详细描述。

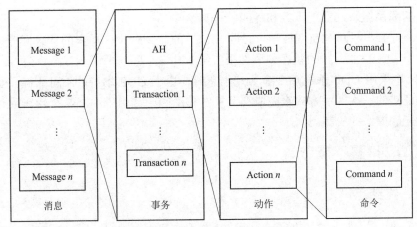

图 6.1-1 H.248 消息结构

6.1.2 H.248 协议功能

H.248 作为 MSCe 控制 MGW 的协议，其功能有：

（1）在 MSCe 控制下，完成 MGW 中的媒体通道的建立和释放；

（2）在 MSCe 控制下，完成 MGW 中的媒体通道和承载通道的连接和拆除连接；

（3）在 MSCe 控制下，完成 MGW 中的对媒体通道和承载通道的属性配置；

（4）在 MGW 中完成 MSCe 对媒体通道和承载通道的操作，包括放音、审计等；

（5）MGW 将发生的事件上报给 MSCe。

1. H.248 协议承载方式

（1）在 NGN 中，H.248 协议一般承载在 UDP/IP 或 TCP/IP 上。

（2）在移动网中，一般以 SCTP/IP 或 M3UA/SCTP/IP 作为 H.248 协议的承载，前者适用于纯 IP 连接，后者适用于 IP&ATM 混合连接，如图 6.1-2 所示。

2. SCTP 层实现

（1）SCTP 连接的建立和释放；

（2）向用户提供可靠有序的基于消息的流传输；

（3）数据分段重组；

（4）支持连接单端或两端的多地址；

（5）流量控制；

（6）错误检测以及一些防止恶意攻击的安全机制。

3. M3UA 层实现

（1）网络地址翻译和映射，路由关键字的管理；

（2）SCTP 连接的管理（建立、拆除、管理阻断、解除阻断）；

（3）将用户消息映射到 SCTP 流进行传送；

（4）AS 和 ASP 状态的维护，拥塞控制；

（5）对 SS7 信令点可用性、拥塞、重启动的支持。

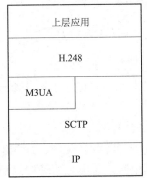

图 6.1-2 H.248 协议承载方式

4. H.248 层实现

在 CDMA2000 LMSD 中，网关控制协议 H.248 作为 MSCe 上的呼叫状态与 MGW 上承载控制之间的联系纽带，实现承载和呼叫的分离。

MGW 通过 H.248 向 MSCe 注册，接收 MSCe 的命令对 MGW 上的承载资源进行监视和控制，同时将 MGW 上资源的状态和事件报告给 MSCe。

在 NGN 中采用 UDP 承载 H.248 协议消息时，由于 UDP 本身的不可靠性，必须采用请求—响应—证实的三次握手方式来完成交互；在移动网中，由于 H.248 采用可靠传输，因而不需要使用三次握手的机制。

6.1.3　H.248 基本概念

6.1.3.1　终结点

终结点是 MGW 上的逻辑实体，它发起/接收媒体流/控制流。终结点可以用一组特性来进行描述，如媒体流、Modem 和承载能力等特性，这些特性组成了一系列描述符。终结点用 Termination ID 来标识。

终结点分为两类：

1. 半永久性终结点

半永久性终结点代表物理实体，也称为物理终结点，从上电开始永久存在，即使发生故障也一样存在，直到媒体网关将其删除为止。如一个 TDM 信道，只要 MGW 中存在这个信道，这个终结点就存在。

2. 临时性终结点

临时性终结点是仅在呼叫过程中存在的终结点，代表临时性的信息流，如 RTP 媒体流。临时性终结点依附于呼叫，只有当 MG 使用这些信息流时，这个终结点才存在，一旦呼叫结束，该终结点就消亡。

除此之外，还有一种特殊的终结点，称为根（Root）终结点，代表整个网关，但是它不参与呼叫过程。

6.1.3.2　上下文

上下文（Context）指的是多个终结点间的联系情况，如果上下文中涉及了多于两个的终结点，则它描述了拓扑结构（谁和谁接收/发送）、媒体混合和/或交换参数。

有一种特殊的上下文，即空上下文（null Context），其中包含了所有与其他终结点没有联系的终结点。

当呼叫发生时，H.248 协议可以通过命令在上下文中增加主被叫对应的终结点，在呼叫结束时，退出和移动终结点。当最后一个终结点从上下文中退出或移出后，该上下文（隐式）删除。

6.1.3.3　描述符

H.248 协议用描述符（descriptor）来描述终结点的特性。每一类终结点都有自己的特性，这些特性可以分为 4 类：

1. 性质（Property）

分为终结点状态特性和媒体流特性。终结点状态特性主要表示终结点所处的服务状态（如正常服务、退出服务或测试）。媒体流特性主要表示临时终结点的媒体属性（如收发模式、编码格式、编码参数等）。性质类描述符如表 6.1–1 所示。

表 6.1–1 性质类描述符

序号	描述符名称	功能描述
1	Modem	用于定义 Modem 的类型和参数
2	Mux（Multiplex）	用于将媒体流以一定方式复用到承载通道上
3	Media	媒体流特性的列表，定义了所有媒体流的参数
4	TerminationState	与特定媒体流无关的终结点状态特性
5	Stream	用于指定一个双向流的参数：Remote/Local 或 Local Control
6	Local	MG 收到的媒体流的特性
7	Remote	MG 发送的媒体流的特性
8	LocalControl	与 MG 和 MGC 有关的一些特性
9	Audit	指示需要审计的信息；描述符及描述符中的某项属性
10	ServiceChange	用于 MG 和 MGC 相互通知设备状态改变
11	Packge	仅用于网关收到 Audit Value 命令时，返回终结点所支持的包
12	Topology	定义关联内终结点之间媒体流的流向
13	Error	处理事务请求出现错误时在响应消息中返回错误码和错误描述信息

2. 事件（Event）

终结点需要检测并报告 MSCe 的事件，如承载建立、网络拥塞、语音质量下降等事件。事件类描述符如表 6.1–2 所示。

表 6.1–2 事件类描述符

序号	描述符名称	功能描述
1	Events	要求 MG 检测并上报的事件
2	Event Buffer	包含一系列事件和一些可能的参数
3	Observed Events	用于 MG 通知 MGC 所监测到的事件
4	Digit Map	号码表属于一种特殊事件，是一组字符串列表

3. 信号（Signal）

MSCe 要求 MGW 对终结点产生的动作，如放忙音、发送 DTMF 信号、录音通知等。信号类描述符如表 6.1–3 所示。

表 6.1–3　信号类描述符

序号	描述符名称	功能描述
1	Signals	指示 MG 对终结点施加的信号和动作

4. 统计（Statistic）

指示终结点应该采集并上报给 MSCe 的统计数据。统计类描述符如表 6.1–4 所示。

表 6.1–4　统计类描述符

序号	描述符名称	功能描述
1	Statistics	由 MG 返回的关于终结点的统计信息

6.1.3.4　命令

命令用于对连接模型中的逻辑实体（关联和终结点）进行操作和管理。协议定义了 8 个命令，大部分用于 MGC（MSCe）对 MG（MGW）的控制，如图 6.1–3 所示。

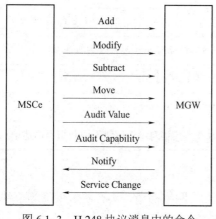

图 6.1–3　H.248 协议消息中的命令

（1）Add：使用 Add 命令向一个上下文添加一个终结点。当使用 Add 命令向一个上下文添加第一个终结点时，同时就相当于创建了一个上下文。

（2）Modify：终结点特性修改命令。使用 Modify 命令可以修改一个终结点的特性、事件和信号。

（3）Subtract：从一个上下文删除某终结点，即删除一个终结点与它所在的上下文之间的联系。当使用 Subtract 命令删除一个上下文中最后一个终结点即意味同时删除了这个上下文。

（4）Move：将一个终结点从一个上下文转移到另一个上下文。该命令作用的范围是目的上下文，而参数中终结点当前位于另一上下文。

（5）Audit Value：获取有关终结点的当前的性质、事件、信号和统计特性的当前值。

（6）Audit Capability：获取媒体网关（MGW）所允许的终结点的性质、事件、信号和统计特性的所有可能取值。

（7）Notify：MGW 使用 Notify 命令向 MSCe 报告媒体网关中所发生的事件。

（8）Service Change：这是个双向命令。MGW 可以使用 Service Change 命令向 MSCe 报告一个或一组终结点将要退出服务或者刚恢复正常服务；可以使用 Service Change 命令向 MSCe 发起注册；可用此命令通知 MSCe 终结点状态已改变。MSCe 可以使用 Service Change 命令通知 MGW 将一个或者一组终结点退出服务，或恢复正常服务；可用此命令通知 MGW

控制已由另一 MSCe 接替。

6.1.3.5　事务

为了支持多个命令并行发送，提高协议的传送效率，H.248 采用事务通信方式传送命令。可以将多个命令组合成一个事务，在 MGC（MSCe）和 MG（MGW）之间交互，由一个事务号（Transaction ID）来标识一个事务交互。

事务包含一个或多个动作（Action），每个动作包含一个或多个命令，同一动作中的所有命令的控制范围为同一关联（上下文），因此通常每个动作都带有关联标识，除非关联待创建或命令应用于关联外的终结点。

事务交互保证对命令的有序处理，即在一个事务交互中的命令是顺序执行的，但并不保证各个事务交互之间的有序处理，即对这个事务交互的处理可以以任何顺序进行，也可以同时进行。

在一个事务交互有四种事务：

Transaction Request（由发送者发送）；

Transaction Response Ack（由发送者发送）；

Transaction Reply（由接收者发送）；

Transaction Pending（由接收者发送）。

6.1.4　H.248 协议流程

LMSD 中 H.248 协议呼叫流程如图 6.1–4 所示。

图 6.1–4　LMSD 中 H.248 协议呼叫流程

6.2 SIP 协议

📖 知识导读

了解 SIP 协议的功能、主要消息结构。

SIP 协议（Session Initiation Protocol 会话发起协议）是 IETF 制定的多媒体通信系统框架协议之一，它是一个基于文本的多媒体通信应用层控制协议，用于建立、修改和终止 IP 网上的双方或多方多媒体会话。

SIP 独立于底层协议 TCP 或 UDP，采用自己的应用层可靠性机制来保证消息的可靠传送。

SIP 协议采用基于文本格式的 Client/Server 方式，以文本的形式表示消息的语法、语义和编码，客户机发起请求，服务器进行响应。

6.2.1 SIP 的主要功能

6.2.1.1 SIP 协议的功能和特点

（1）SIP 是一个客户/服务器协议。协议消息分为两类：请求和响应；协议消息的目的是：建立或终结会话了。

（2）"邀请"是 SIP 协议的核心机制。

（3）响应消息分为两类：中间响应和最终响应。

（4）媒体类型、编码格式、收发地址等信息由 SDP 协议（会话描述协议）来描述，并作为 SIP 消息的消息体和头部一起传送，因此，支持 SIP 的网元和终端必须支持 SDP。

（5）采用 SIP URL 的寻址方式，特别地，其用户名字段可以是电话号码，以支持 IP 电话网关寻址，实现 IP 电话和 PSTN 的互通。

（6）SIP 的最强大之处就是用户定位功能，用户定位基于登记和 DNS 机制。

（7）SIP 独立于低层协议，可采用不同的传送层协议，若采用 UDP 传送，要求；响应消息沿请求消息发送的同样路径回送；若采用 TCP 传送，则同一事务的请求和响应需在同一 TCP 连接上传送。

总之，SIP 主要支持以下 5 个方面的功能：

（1）用户定位。确定通信所用的端系统位置。

（2）用户能力交换。确定所用的媒体类型和媒体参数。

（3）用户可用性判定。确定被叫方是否空闲和是否愿意加入通信。

（4）呼叫建立。邀请和提示被叫，在主被叫之间传递呼叫参数。

（5）呼叫处理。包括呼叫终结和呼叫转交。

6.2.1.2 SIP URL 结构

URL 格式：SIP：用户名：口令@主机：端口；传送参数；用户参数；方法参数；生存

期参数；

服务器地址参数。

URL 形式：USER@HOST；

用途：代表主机上的某个用户，可指示 From，To，Request URI，Contact 等 SIP 头部字段。

URL 应用举例：

Sip:j.doe@big.com

Sip:j.doe:secret@big.com;transport=tcp;subject=project

Sip:+1–212–555–1212:1234@gateway.com;user=phone

Sip:alice@10.1.2.3

Sip:alice@registar.com;method=REGISTER

6.2.2　SIP 的网络构成

SIP 协议虽然主要为 IP 网络设计的，但它并不关心承载网络，也可以在 ATM、帧中继等承载网中工作，它是应用层协议，可以运行于 TCP、UDP、SCTP 等各种传输层协议之上。SIP 用户是通过类似于 e-mail 地址的 URL 标识，如 sip：myname@mycompany.com，通过这种方式可以用一个统一名字标识不同的终端和通信方式，为网络服务和用户使用提供充分的灵活性。

6.2.2.1　系统基本组成

SIP 协议是一个 Client/Sever 协议。SIP 端系统包括用户代理客户机（UAC）和用户代理服务器（UAS），其中 UAC 的功能是向 UAS 发起 SIP 请求消息，UAS 的功能是对 UAC 发来的 SIP 请求返回相应的应答。在 SS（Soft Switch）中，可以把控制中心 Soft Switch 看成一个 SIP 端系统。

在 Iptel 系统中，与 PSTN 互通的网关也相当于一个端系统。

按逻辑功能区分，SIP 系统由 4 种元素组成：用户代理、代理服务器、重定向服务器以及注册服务器，如图 6.2–1 所示。

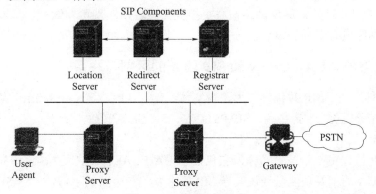

图 6.2–1　SIP 系统组成

1. 用户代理

用户代理（User Agent）分为两个部分：客户端（User Agent Client），负责发起呼叫；用户代理服务器（User Agent Server），负责接收呼叫并做出响应。二者组成用户代理存在于用户终端中。用户代理按照是否保存状态可分为有状态代理、有部分状态用户代理和无状态用户代理。

2. 代理服务器

代理服务器（Proxy Server），负责接收用户代理发来的请求，根据网络策略将请求发给相应的服务器，并根据收到的应答对用户做出响应。它可以根据需要对收到的消息改写后再发出。

3. 重定向服务器

重定向服务器务器（Redirect Server），接收用户请求，把请求中的原地址映射为零个或多个地址，返回给客户机，客户机根据此地址重新发送请求。用于在需要的时候将用户新的位置返回给呼叫方，呼叫方可以根据得到的新位置重新呼叫。

4. 注册服务器

注册服务器（Registrar）用于接收和处理用户端的注册请求，完成用户地址的注册。

以上几种服务器可共存于一个设备，也可以分布在不同的物理实体中。SIP 服务器完全是纯软件实现，可以根据需要运行于各种工作站或专用设备中。UAC，UAS，Proxy Server，Redirect Server 是在一个具体呼叫事件中扮演的不同角色，而这样的角色不是固定不变的。一个用户终端在会活建立时扮演 UAS，而在主动发起拆除连接时，则扮演 UAC。一个服务器在正常呼叫时作为 Proxy Server，而如果其所管理的用户移动到了别处，或者网络对被呼叫地址有特别策略，则它将扮演 Redirect Server，告知呼叫发起该用户新的位置。

除了以上部件，网络还需要提供位置目录服务，以便在呼叫接续过程中定位被叫方（服务器或用户端）的具体位置。这部分协议不是 SIP 协议的范畴，可选用 LDAP（轻量目录访问协议）等。

理论上，SIP 呼叫可以只有双方的用户代理参与，而不需要网络服务器。设置服务器，主要是服务提供者运营的需要。运营商通过服务器可以实现用户认证、管理和计费等功能，并根据策略对用户呼叫进行有效的控制。同时可以引入一系列应用服务器，提供丰富的智能业务。

SIP 的组网很灵活，可根据情况定制。在网络服务器的分工方面：位于网络核心的服务器，处理大量请求，负责重定向等工作，是无状态的，它个别地处理每个消息，而不必跟踪记录一个会话的全过程；网络边缘的服务器，处理局部有限数量的用户呼叫，是有状态的，负责对每个会话进行管理和计费，需要跟踪一个会话的全过程。这样的协调工作，既保证了对用户和会话的可管理性，又使网络核心负担大大减轻，实现可伸缩性，基本可以接入无限量用户。SIP 网络具有很强的重路由选择能力，具有很好的弹性和可靠性。

6.2.2.2　SIP 中 UA、Proxy 和 SIP 终端的区别与联系

从逻辑实体分类，SIP 共包含三大逻辑实体：UA、PROXY、SERVER；从 SIP 实用产品分类，SIP 产品分三类：SIP 终端、SIP PROXY、SIP SERVER。

1. SIP UA

UA 是 SIP 协议中一个逻辑实体，它包括了 UAC/UAS。UAC/UAS 角色只在同一个事务中保持不变。UA 的主要功能是通过发送 SIP 请求发起一个新的事务，发送 SIP Final answer 或者 SIP ACK 请求结束当前事务。实现中，应包含以下功能：

（1）生成 record_set。

（2）UAS 按一定规则接收、拒绝或重定向 SIP 请求。

（3）UA 能够选择适当的 protocal/port 接收应答和发送请求。

（4）重发和重发终止，实现通信的可靠性。

（5）能够解释 ICMP，收到 ICMP 差错报文误之后，将它映射到相似的 status code 处理过程。

2. SIP PROXY

按作用分类：outbound proxy；proxy。有前者，SIP 终端可以作的非常简单。从是否维护连接信息分类：statulful proxy，statuless proxy。从逻辑上来讲，代理最主要的功能是将 SIP 信息包转发给目的用户。它最低限度要包括 UA 功能，在具体实现中，它还应该实现以下功能：

（1）呼叫计费，包括强制路由选择。

（2）防火墙。（可选）

（3）通过查询 DNS，选择 SIP 服务器。

（4）检测环路。在路径上包含 Fork Proxy 服务器，可能会有环路产生，必须检测。

（5）非 SIP URI 解释功能：传递 SIP 包到适当的目的地址中去。

（6）丢弃 via header 中，最上一个不是自己地址的 SIP 包。

（7）特定的 Proxy 将实现 IP 到 PSTN 之间的网关，提供 IP、电话、Email 之间的交互。

（8）根据传递要求，对 VIA 和 Record Route 进行相应修改。

（9）根据收到的 Cancel，立即发送 200 应答。（快速应答）

（10）通过查询 Location server 和 redirect server，查找目的用户的地址。

3. SIP SERVER

主要作为信息数据库，对 Proxy 提供服务，Server 主要分为三类。

（1）Location Server：存储了 SIP 地址对一个或多个 IP 地址的映射，主要面向 Proxy 和 Redirect server。

（2）Redirect server：接收查询请求，通过 Location Server 中找到对应的地址列表，把结果返回给用户。

（3）Registrar：接收 SIP 终端的 Register 请求，将 SIP 地址和 IP 地址组对写入 Location Server 的数据库中。

4. SIP 终端

作为用户可用的终端设备，它具备拨打 IP 电话或发起/参与多媒体会议的功能，还有用户友好界面。在其内部应该实现的功能有：

（1）发起或结束一个会话。包括：记录会话中每一个子会话的相关状态，即保存并维护每一个活动的 Call leg；维护 Call leg 上 "事务" 有关的状态（ip/port/protocal/record set/）。

（2）构造请求和应答 Message：包含 Req_URI 的选择；通过查询 DNS，选择 SIP 服务器；SIP 包的发送目的（Outbound proxy/Request URI）；SIP 包的加密。

（3）Contact Header、Record Set 的构造。

（4）多播风暴避免。对于多播请求，要延迟 0～1 s 时间来回答。

（5）智能应答。如果已经在一个会议中，自动代理用户回答。

（6）方便修改会议参数。

（7）能够参与多播组，即支持 IGMP。

（8）（代替他人）注册，重定向 SIP 请求。

（9）通过 Contact header 实现直接发送到目的用户和重定向用户功能。

（10）可以设置 outbounding proxy。

6.2.3　SIP 协议消息

6.2.3.1　SIP 消息总体描述

SIP 是 IETF 提出的在 IP 网络上进行多媒体通信的应用层控制协议，可用于建立、修改、终结多媒体会话和呼叫，号称通信技术的"TCP/IP"，SIP 协议采用基于文本格式的客户—服务器方式，以文本的形式表示消息的语法、语义和编码，客户机发起请求，服务器进行响应。SIP 独立于底层协议——TCP、UDP、SCTP，采用自己的应用层可靠性机制来保证消息的可靠传送。有关 SIP 协议的详细内容参见 IETF RFC3261。

SIP 消息有两种：客户机到服务器的请求（Request），服务器到客户机的响应（Response）。

SIP 消息由一个起始行（start-line）、一个或多个字段（field）组成的消息头、一个标志消息头结束的空行（CRLF）以及作为可选项的消息体（message body）组成。其中，描述消息体（message body）的头称为实体头（entity header），其格式如下：

SIP 消息=起始行/状态行

　　　　*消息头部（1 个或多个头部）

　　　　CRLF（空行）

起始行分请求行（Request-Line）和状态行（Status-Line）两种，其中请求行是请求消息的起始行，状态行是响应消息的起始行，如图 6.2-2 所示。

消息头分通用头（general-header）、请求头（request-header）、响应头（response-header）和实体头（entity-header）4 种。

6.2.3.2　SIP 请求消息

SIP 定义了以下几种方法（methods）。

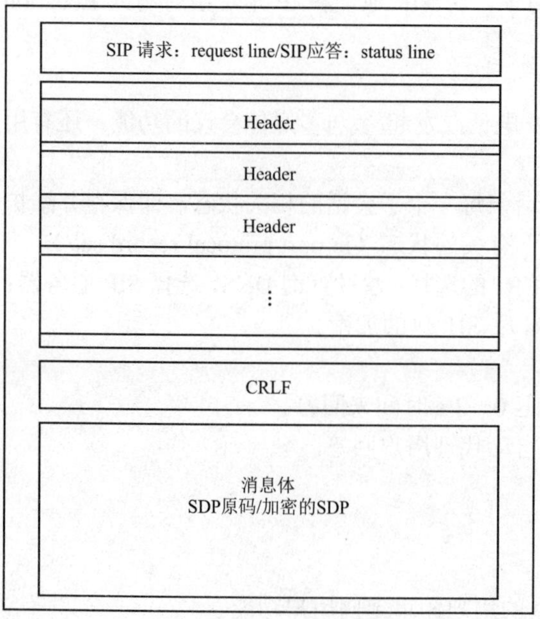

图 6.2-2　SIP 的消息结构

1. INVITE

INVITE 方法用于邀请用户或服务参加一个会话。在 INVITE 请求的消息体中可对被叫方被邀请参加的会话加以描述，如主叫方能接收媒体类型、发出的媒体类型及其一些参数；对 INVITE 请求的成功响应必须在响应的消息体中说明被叫方愿意接收哪种媒体，或者说明被叫方发出的媒体。服务器可以自动地用 200（OK）响应会议邀请。

2. ACK

ACK 请求用于客户机向服务器证实它已经收到了对 INVITE 请求的最终响应。ACK 只和 INIVITE 请求一起使用。对 2xx 最终响应的证实由客户机用户代理发出，对其他最终响应的证实由收到响应的第一个代理或第一个客户机用户代理发出。ACK 请求的

To，From，Call-ID，Cseq 字段的值由对应的 INVITE 请求的相应字段的值复制而来。

3. OPTIONS

用于向服务器查询其能力。如果服务器认为它能与用户联系，则可用一个能力集响应 OPTIONS 请求；对于代理和重定向服务器只要转发此请求，不用显示其能力。OPTIONS 的 From、To 分别包含主被叫的地址信息，对 OPTIONS 请求的响应中的 From、To（可能加上 tag 参数）、Call-ID 字段的值由 OPTIONS 请求中相应的字段值复制得到。

4. BYE

用户代理客户机用 BYE 请求向服务器表明它想释放呼叫。BYE 请求可以像 INVITE 请求那样被转发，可由主叫方发出也可由被叫方发出。呼叫的一方在释放（挂断）呼叫前必须发出 BYE 请求，收到 BYE 请求的这方必须停止发送媒体流给发出 BYE 请求的一方。

5. CANCEL

CANCEL 请求用于取消一个 Call-ID，To，From 和 Cseq 字段值相同的正在进行的请求，但取消不了已经完成的请求（如果服务器返回一个最终状态响应，则认为请求已完成）。CANCEL 请求中的 Call-ID、To、Cseq 的数字部分及 From 字段和原请求的对应字段值相同，从而使 CANCEL 请求与它要取消的请求匹配。

6. BEGISTER

REGISTER 方法用于客户机向 SIP 服务器注册列在 To 字段中的地址信息。REGISTER 请求消息头中各个字段的含义如下。

（1）To：含有要创建或更新的注册的地址记录。

（2）From：含有提出注册的人的地址记录。

（3）Request-URI：注册请求的目的地址，地址的域部分的值即为主管注册者所在的域，而主机部分必须为空。一般，Request-URI 中的地址的域部分的值和 To 中的地址的域部分的值相同。

（4）Call-ID：用于标识特定客户机的注册请求。来自同一个客户机的注册请求至少在相同重启周期内 Call-ID 字段值应该相同；用户可用不同的 Call-ID 值注册不同的地址，后面的注册请求将替代前面的所有请求。

（5）Cseq: call-ID 字段值相同的注册请求的 CSeq 字段值必须是递增的,但次序无关系,服务器并不拒绝无序请求。

（6）Contact：此字段是可选项；用于把以后发送到 TO 字段中的 URI 的非注册请求转到 Contact 字段给出的位置。如果请求中没有 Contact 字段，那么注册保持不变。

（7）Expires：表示注册的截止期。

7. INFO

INFO 方法是对 SIP 协议的扩展，用于传递会话产生的与会话相关的控制信息，如 ISUP 和 ISDN 信令消息，有关此方法的使用还有待标准化，详细内容参见 IETF RFC 2976。

8. 其他扩展

（1）re-INVITE：用来改变参数；

（2）PRACK：与 ACK 作用相同，但又是用于临时响应；

（3）SUBSCRIBE：该方法用来向远端端点预定其状态变化的通知；

（4）NOTIFY：该方法发送消息以通知预订者所预定的状态变化；

（5）UPDATE：允许客户更新一个会话的参数而不影响该会话的当前状态；

（6）MESSAGE：通过在其请求体中承载即时消息内容实现即时通信；

（7）REFER：其功能是指示接收方通过使用在请求中提供的联系地址信息联系第三方。

6.2.3.3 SIP 响应消息

SIP 协议中用三位整数的状态码（Status code）和原因码（Reason code）来表示对请求做出的回答。状态码用于机器识别操作，原因短语（Reason–Phrase）是对状态码的简单文字描述，用于人工识别操作。状态码的第一个数字定义响应的类别，在 SIP/2.0 中第一个数字有 6 个值，定义如下：

1xx（Informational）：请求已经收到、继续处理请求。

2xx（Success）：行动已经成功地收到，理解和接受。

3xx（Redirection）：为完成呼叫请求，还须采取进一步的动作。

4xx（Client Error：请求有语法错误或不能被服务器执行。客户机需修改请求，然后再重发请求。

5xx（Server Error）：服务器出错，不能执行合法请求。

6xx（Global Failure）：任何服务器都不能执行请求。

其中，1xx 响应为暂时响应（Provisional response），其他响应为最终响应（Final Response）。

6.2.4 SIP 呼叫流程

6.2.4.1 注册/注销过程

SIP 为用户定义了注册和注销过程，其目的是可以动态建立用户的逻辑地址和其当前联系地址之间的对应关系，以便实现呼叫路由和对用户移动性的支持。逻辑地址和联系地址的分离也方便了用户，它不论在何处、使用何种设备，都可以通过唯一的逻辑地址进行通信。

注册/注销过程是通过 REGISTER 消息和 200 成功响应来实现的。在注册/注销时，用户将其逻辑地址和当前联系地址通过 REFGISTER 消息发送给其注册服务器，注册服务器对该请求消息进行处理，并以 200 成功响应消息通知用户注册注销成功。

6.2.4.2 呼叫过程

SIP IP 电话系统中的呼叫是通过 INVITE 邀请请求、成功响应和 ACK 确认请求的三次握手来实现的，即当主叫用户代理要发起呼叫时，它构造一个 INVITE 消息，并发送给被叫。被叫收到邀请后决定接收该呼叫，就回送一个成功响应（状态码为 200）。主叫方收到成功响应后，向对方发送 ACK 请求。被叫收到 ACK 请求后，呼叫成功建立。

呼叫的终止通过 BYE 请求消息来实现。当参与呼叫的任一方要终止呼叫时，它就构造一个 BYE 请求消息，并发送给对方。对方收到 BYE 请求后，释放与此呼叫相关的资源，回送一个成功响应，表示呼叫已经终止。

当主、被叫双方已建立呼叫，如果任一方想要修改当前的通信参数（通信类型、编码等），可以通过发送一个对话内的 INVITE 请求消息（称为 re-INVITE）来实现。

6.2.4.3 重定向过程

当重定向服务器（其功能可包含在代理服务器和用户终端中）收到主叫用户代理的

INVITE 邀请消息,它通过查找定位服务器发现该呼叫应该被重新定向(重定向的原因有多种,如用户位置改变、实现负荷分担等),就构造一个重定向响应消息(状态码为 3xx),将新的目标地址回送给主叫用户代理。主叫用户代理收到重定向响应消息后,将逐一向新的目标地址发送 INVITE 邀请,直至收到成功响应并建立呼叫。如果尝试了所有的新目标都无法建立呼叫,则本次呼叫失败。

6.2.4.4 能力查询过程

SIP IP 电话系统还提供了一种让用户在不打扰对方用户的情况下查询对方通信能力的手段。可查询的内容包括:对方支持的请求方法(methods)、支持的内容类型、支持的扩展项、支持的编码等。

能力查询通过 OPTION 请求消息来实现。当用户代理想要查询对方的能力时,它构造一个 OPTION 请求消息,发送给对方。对方收到该请求消息后,将自己支持的能力通过响应消息回送给查询者。如果此时自己可以接收呼叫,就发送成功响应(状态码为 200);如果此时自己忙,就发送自身忙响应(状态码为 486)。因此,能力查询过程也可以用于查询对方的忙闲状态,看是否能够接收呼叫。

6.2.4.5 SIP 呼叫流程

下面结合具体场景介绍一下 SIP 呼叫的详细过程。

1. 注册注销

SIP 注册注程如图 6.2-3 所示。

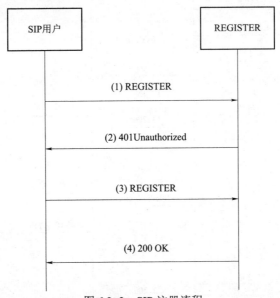

图 6.2-3 SIP 注册流程

(1) SIP 用户向其所属的注册服务器发起 REGISTER 注册请求。在该请求消息中,Request-URI 表明了注册服务器的域名地址,To 头域包含了注册所准备生成、查询或修改的地址记录,Contact 头域表明该注册用户在此次注册中欲绑定的地址,Contact 头域中的 Expires 参数或者 Expires 头域表示了绑定在多长时间内有效。

（2）注册服务器返回 401 响应，要求用户进行鉴权。

（3）SIP 用户发送带有鉴权信息的注册请求。

（4）注册成功。

SIP 用户的注销和注册更新流程基本与注册流程一致，只是在注销时 Contact 头域中的 Expires 参数或 Expires 头域值为 0。

2. 代理方式呼叫流程

代理方式的 SIP 正常呼叫流程如图 6.2−4 所示。

（1）用户 A 向其所属的出局代理服务器（软交换）PROXY1 发起 INVITE 请求消息，在该消息中的消息体中带有用户 A 的媒体属性 SDP 描述；

（2）PROXY1 返回 407 响应，要求鉴权；

（3）用户 A 发送 ACK 确认消息；

（4）用户 A 重新发送带有鉴权信息的 INVITE 请求；

（5）经过分析，PROXY1 将请求转发到 PROXY2；

（6）PROXY1 向用户 A 发送确认消息"100 TRYING"，表示正在对收到的请求进行处理；

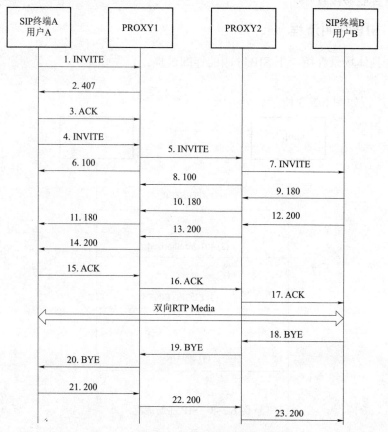

图 6.2−4 代理方式的 SIP 正常呼叫流程

（7）PROXY2 将 INVITE 请求转发到用户 B；

（8）PROXY2 向 PROXY1 发送确认消息 "100 TRYING"；

（9）终端 B 振铃，向其归属的代理服务器（软交换）PROXY2 返回 "180 RINGING" 响应；

（10）PROXY2 向 PROXY1 转发"180 RINGING"；

（11）PROXY1 向用户 A 转发"180 RINGING"，用户 A 所属的终端播放回铃音；

（12）用户 B 摘机，终端 B 向其归属的代理服务器（软交换）PROXY2 返回对 INVITE 请求的"200 OK"响应，在该消息中的消息体中带有用户 B 的媒体属性 SDP 描述；

（13）PROXY2 向 PROXY1 转发"200 OK"；

（14）PROXY1 向用户 A 转发"200 OK"；

（15）用户 A 发送针对 200 响应的 ACK 确认请求消息；

（16）PROXY1 向 PROXY2 转发 ACK 请求消息；

（17）PROXY2 向用户 B 转发 ACK 请求消息，用户 A 与 B 之间建立双向 RTP 媒体流；

（18）用户 B 挂机，用户 B 向归属的代理服务器（软交换）PROXY2 发送 BYE 请求消息；

（19）PROXY2 向 PROXY1 转发 BYE 请求消息；

（20）PROXY1 向用户 A 转发 BYE 请求消息；

（21）用户 A 返回对 BYE 请求的 200 OK 响应消息；

（22）PROXY1 向 PROXY2 转发 200 OK 请求消息；

（23）PROXY2 向用户 B 转发 200 OK 响应消息，通话结束。

3. 重定向方式呼叫流程

重定向方式呼叫流程如图 6.2-5 所示。

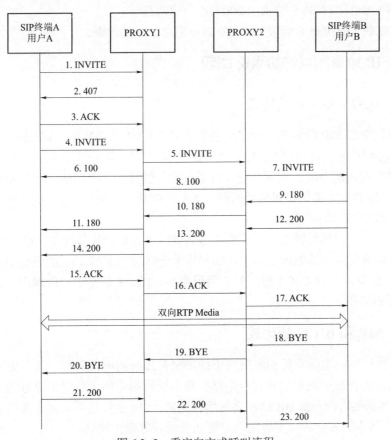

图 6.2-5　重定向方式呼叫流程

（1）用户 A 向重定向服务器发送 INVITE 请求消息，该消息不带 SDP；

（2）重定向服务器返回"302 Moved temporarily 响应"，该响应的 Contact 头域包含用户 B 当前更为精确的 SIP 地址；

（3）用户 A 向重定向服务器发送确认 302 响应受到的 ACK 消息；

（4）用户 A 向重定向代理服务器 PROXY2 发送 INVITE 请求消息，该消息不带 SDP；

（5）PROXY2 向用户 B 转发 INVITE 请求；

（6）PROXY2 向用户 A 发送确认消息"100 TRYING"，表示正在对收到的请求进行处理；

（7）终端 B 振铃，向其归属的代理服务器（软交换）PROXY2 返回"180 RINGING"响应；

（8）PROXY2 转发"180 RINGING"响应；

（9）用户 B 摘机，终端 B 返回对 INVITE 请求的"200 OK"响应，在该消息中的消息体中带有用户 B 的媒体属性 SDP 描述；

（10）PROXY2 转发"200 OK"响应；

（11）用户 A 发送确认"200 OK"响应收到的 ACK 请求，该消息中带有用户 A 媒体属性的 SDP 描述。

（12）PROXY2 转发 ACK 消息，用户 A 和用户 B 之间建立双向的媒体流；

（13）用户 B 挂机，用户 B 向 PROXY2 发送 BYE 请求消息；

（14）PROXY2 向用户 A 转发 BYE 请求消息；

（15）用户 A 返回对 BYE 请求的 200 OK 响应消息；

（16）PROXY2 向用户 B 转发 200 OK 响应消息，通话结束。

6.2.5 SIP 协议和其他协议的比较

6.2.5.1 H.323 和 SIP 的比较

目前，3G PP 将 SIP 作为第三代移动通信全 IP 网络的核心协议，Windows XP 操作系统中 Net Meeting 组建的协议也由 H.323 改为 SIP 协议，同时考虑到其开展业务的灵活性，SIP 协议将成为未来发展的方向。相同之处：都是对应于媒体会议呼叫建立和控制方面的协议。不同之处：H.323 复杂，提供多媒体通信所要求的所有协议。SIP 协议只提供呼叫建立控制相关的功能，会议控制相关功能弱。

SIP 具有简单、灵活的特点。基于文本编码使功能扩展的比较简单；URI 的使用可以使 SIP 应用程序能够灵活和其他应用协作：如利用重定向功能支持 Email 系统中的语音信箱。SIP 是基于 IP 出发，本身支持多播，带宽利用率高。H.323 是基于电信网出发，需要使用多个单播才完成相同任务。

6.2.5.2 SIP 和 BICC 的比较

BICC 是直接面向电话业务的应用提出的，来自传统的电信阵营，具有更加严谨的体系架构，因此它能为在软交换中实施现有电路交换电话网络中的业务提供很好的透明性。相比之下，SIP 的体系架构则不像 BICC 定义的那样完善，SIP 主要用于支持多媒体和其他新型业务，在基于 IP 网络的多业务应用方面具有更加灵活、方便的特性。

BICC 是在 ISUP 基础上发展起来的，在语音业务支持方面比较成熟，能够支持以前窄带所有的语音业务、补充业务和数据业务等，但 BICC 协议复杂，可扩展性差。在无线 3G 应用中，BICC 协议处于 3G PPR4 电路域核心网的 Nc 接口，提供了对（G）MSC Server 之间呼叫接续的支持。在固定网软交换应用中，BICC 协议处于分层体系结构中的呼叫控制层，提供了不同软交换之间呼叫接续的支持。采用 BICC 体系架构时，可以使所有现在的功能保持不变，如号码和路由分析等，仍然使用路由概念。这就意味着网络的管理方式和现有的电路交换网极为相似。

SIP 相对而言，在语音业务方面没有 BICC 成熟，但它能支持较强的多媒体业务，扩展性好，根据不同的应用，可对其进行相应的扩展。在固定网软交换应用中，SIP 协议处于扁平体系结构中的呼叫控制层，提供了不同软交换之间呼叫接续的支持。采用 SIP 体系架构时，从路由角度看，存在两种情况：

第一种情况，正常的 ISUP 消息添加一些信息后封装在 SIP 消息中传送，呼叫服务器、号码、路由分析和信令以及业务的互通等功能保持不变，路由分析指引到目标 IP 地址的寻址。

第二种情况是基于 ENUM（IETF 的电话号码映射工作组）数据库的。在这种方式下，呼叫服务器的呼叫控制与现有电路交换网中的呼叫控制完全不同，呼叫控制中将没有号码和路由分析，但是仍需业务映射和互通。由于不使用电路识别码 CIC、ISUP 管理进程、消息传送协议 MTP，标准的 ISUP 协议要相应修改。网络的管理在某种程度上得到了简化，如无须构建信令网，没有路由定义。另外，和现有网络相比，运营商对网络的控制减少，控制方式发生了巨大的变化。

通过以上分析，采用 SIP 协议在某种程度上会丢失一些现有电话网络中的功能。要引入这些功能，则需要对 SIP 协议进行扩展。相比较而言，BICC 基本能提供所有现有电话网络的功能。相信，经过修改并标准化的 SIP 可以达到 BICC 对传统业务的支撑能力。

6.2.5.3　SIP-T 和 SIP-I 的比较

关于软交换 SIP 域和传统 PSTN 的互通问题目前有两个标准体系，即 IETF 的 SIP-T 协议族和 ITU-T 的 SIP-I 协议族。

1. IETF 的 SIP-T 协议

SIP-T（SIP for Telephones）由 IETFMMUSIC 工作组的 RFC3372 所定义，整个协议族包括 RFC3372、RFC2976、RFC3204、RFC3398 等。它采用端到端的研究方法建立了 SIP 与 ISUP 互通时的三种互通模型，即：呼叫由 PSTN 用户发起经 SIP 网络由 PSTN 用户终结；呼叫由 SIP 用户发起由 PSTN 用户终结；呼叫由 PSTN 用户发起由 SIP 用户终结。

SIP-T 为 SIP 与 ISUP 的互通提出了两种方法，即封装和映射，分别由 RFC3204 和 RFC3398 所定义。但 SIP-T 只关注于基本呼叫的互通，对补充业务则基本上没有涉及。

2. ITU-T 的 SIP-I 协议

SIP-I（SIPwithEncapsulatedISUP）协议族包括 ITU-TSG11 工作组的 TRQ.2815 和 Q.1912.5。前者定义了 SIP 与 BICC/ISUP 互通时的技术需求，包括互通接口模型、互通单元 IWU 所应支持的协议能力集、互通接口的安全模型等。后者根据 IWU 在 SIP 侧的 NNI 上所需支持的不同协议能力配置集，详细定义了 3G PPSIP 与 BICC/ISUP 的互通、一般情况下 SIP 与 BICC/ISUP 的互通、SIP 带有 ISUP 消息封装时（SIP-I）与 BICC/ISUP 的互通等。

SIP-I 协议族重用了许多 IETF 的标准和草案，内容不仅涵盖了基本呼叫的互通，还包括了 BICC/ISUP 补充业务的互通。

3. SIP–I 与 SIP–T 的比较

显然，SIP–I 协议族的内容远远比 SIP–T 的内容要丰富。SIP–I 协议族不仅包括了基本呼叫的互通，还包括了 CLIP、CLIR 等补充业务的互通；除了呼叫信令的互通外，还考虑到了资源预留、媒体信息的转换等；既有固网软交换环境下 SIP 与 BICC/ISUP 的互通，也有移动 3G PPSIP 与 BICC/ISUP 的互通等。

尤为重要的是，SIP–I 协议族具有 ITU–T 标准固有的清晰准确和详细具体，可操作性非常强，并且 3G PP 已经采用 Q.1912.5 作为 IMS 与 PSTN/PLMN 互通的最终标准。所以，软交换 SIP 域与 PSTN 的互通应该遵循 ITU–T 的 SIP–I 协议族。实际上已经有许多电信运营商最终选择了 SIP–I 而放弃了 SIP–T。基于以上比较和分析，我们可以得出以下结论：

在软交换之间互通协议方面，目前固网中应用较多的是 SIP–T，移动应用的是 BICC，未来的发展方向是 SIP–I；在软交换与媒体网关之间的控制协议方面，MGCP 较成熟，但 H.248 继承了 MGCP 的所有的优点，有取代 MGCP 的趋势；软交换和 IAD 之间的控制协议方面，MGCP 较成熟，但 H.248 继承了 MGCP 的所有的优点，有取代 MGCP 的趋势；软交换与终端之间的控制协议方面，SIP 是趋势；软交换与应用服务器之间，SIP 是主流，目前此业务接口基本成熟；应用服务器与第三方业务，Parlay 是方向，但目前商用不成熟。

6.3　SIGTRAN 协议

知识导读

掌握 SIGTRAN 协议。

6.3.1　概述

信令网关 SGW 用在 SS7 信令网与 IP 网的关口，是接收和发送信令消息的代理，对信令消息进行中继翻译或终结处理。

SIGTRAN 是 IETF 制定的信令传送协议，用于 SGW 中实现 SS7 信令在 IP 网上的传输。

图 6.3–1　SIGTRAN 的体系结构

SIGTRAN 协议体系主要由两部分组成，即信令适配层和信令传送层。底层是标准的 IP 协议承载，如图 6.3–1 所示。

1. SS7 信令适配层

支持特定的原语。根据信令网关实现的功能，SS7 信令适配层可以采用 MTP2 用户适配层 M2UA、MTP2 对等适配层 M2PA、MTP3 用户适配层 M3UA、SCCP 用户适配层 SUA、TCP 用户适配层 TUA 等。除此之外，SIGTRAN 的信令适配层还有 ISDN Q.921 用户适配层 IUA、V5.2 用户适配层 V5UA 等。

2. 公共的信令传送协议

支持信令传送所需的公共且可靠的传送功能，它采用流控制传送协议 SCTP 提供这些功能。SIGTRAN 的协议栈如图 6.3–2 所示。

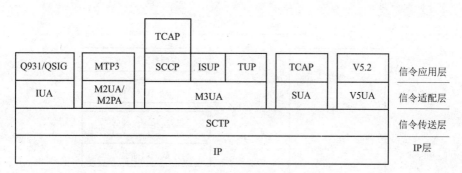

图 6.3-2　SIGTRAN 的协议栈

6.3.2　SCTP 协议

SCTP 用于在 IP 网中承载信令，它使信令消息在基于 IP 的公共分组交换网上完成交换，端到端执行流量控制和差错控制。

SCTP 是建立在无连接、不可靠的包交换网络上的一种可靠的传输协议。SCTP 充分吸收了 UDP 的实时快速以及 TCP 连接可靠性高的优点。

SCTP 的协议行为类似于 TCP，但克服了 TCP 的局限性：

（1）TCP 是单地址连接，而 SCTP 连接具有多宿（Multi-homed Nodes）特性，可以有多个 IP 地址，具有更高的可靠性。

（2）TCP 连接只能支持一个流，存在行头（HOL：Head of Line）阻塞，而 SCTP 的一个连接上支持多个流，提高了实时性。

（3）SCTP 流是一系列的消息（基于消息），而在 TCP 中，流是一系列的 8 位位组（基于比特）。

（4）SCTP 建立连接需要四次握手，而 TCP 建立连接需要三次握手。

（5）SCTP 建立连接时采用 COOKIE 机制，有效防止恶意攻击，具有更好的安全性。

（6）SCTP 遵循 IETF RFC2960 规范的要求。

图 6.3-3 所示为 SCTP 应用的层次模型。

图 6.3-3　SCTP 应用的层次模型

SCTP 功能结构可分解成如图 6.3-4 所示的几个功能块。

1. 偶联（Association）的建立和释放

偶联是 SCTP 的连接。偶联的建立由 SCTP 用户发起请求，为安全性考虑，避免遭到恶

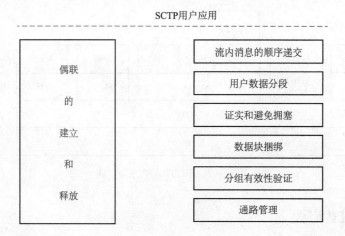

图 6.3-4 SCTP 功能结构

意的攻击，在偶联的启动过程中采用了 COOKIE 机制。连接的建立和释放主要完成连接状态的变迁以及异常处理。

2. 流内消息的顺序递交

流是 SCTP 端点之间的单向逻辑通道，用来指示需要按顺序递交到高层协议的用户消息队列。

当在两个端点之间建立一个连接时，需同时定义所要支持的流的数量。用户消息通过流号来进行关联。在接收端，SCTP 保证在给定的流中，消息可以按顺序递交给 SCTP 用户。

3. 用户数据分段

SCTP 在发送用户消息时，可以对消息进行分段，以确保分组长度符合最大传输单元 MTU 的要求；在接收方，需要把各分段重组为完整的消息后再递交给 SCTP 用户。

4. 证实和避免拥塞

SCTP 为每个用户消息分配一个传送顺序号码 TSN，并挂入等待确认队列，设置等待超时定时器，准备往返时间（RTT）的测量。接收方对所有收到的消息缓存、恢复，并生成对 TSN 的证实。证实和避免拥塞功能，可以在规定时间内对没有收到证实的分组进行重发。重发功能与 TCP 的拥塞避免类似。

5. 数据块（Chunk）捆绑

SCTP 用户具有一个选项，可以请求是否把多于一个的用户消息捆绑在一个 SCTP 分组中进行发送。接收端负责分解该分组。

6. 分组有效性验证

每个 SCTP 公共分组头中都包含一个必备的验证标签字段和一个 32 bit 长的校验字段，以提供附加的保护。接收方对包含无效校验码的分组予以丢弃。

7. 通路管理

根据 SCTP 用户的指示和各目的地可达性状态，为每个发送的 SCTP 分组选择一个目的地传送地址。对连接的多个路径的可达性进行探测，并根据指示进行主路径的转换。

6.3.3　M3UA 协议

与 SS7 互通时，信令网关主要采用四种适配层协议：

M2UA、M2PA、M3UA、SUA。

其中，M3UA 提供了强大的选路功能，较完善的信令网管理功能，并且具备较强的组网能力，适宜于网间电话互通，因而得到了普遍采用。

6.3.3.1　M3UA 协议的体系结构

M3UA 协议的体系结构如图 6.3–5 所示。

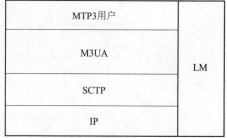

M3UA 向其上层 MTP3 用户提供标准的 MTP3 接口，其低层 SCTP 为 M3UA 提供偶联，为 M3UA 服务。M3UA 还有专门的层管理 LM（Layer Management），为其提供管理服务。

图 6.3–5　M3UA 协议的体系结构

6.3.3.2　M3UA 的典型应用

M3UA 是对 MTP3 消息进行适配，以便在 SS7 信令网的节点与 IP 网的节点间传送 SS7 信令的 MTP3 用户消息。

1. M3UA 在 SG 中的应用方式

在图 6.3–6 中，信令网关 SG 的网络互通功能（NIF）从 MTP3 接收路由到媒体网关控制器 MGC（如 MSCe）的消息，将消息发送到本地 M3UA 内部进行网络地址的翻译和映射，并选路到最终 IP 目的地；从本地 M3UA 收到的原语发送到 MTP3 高层接口，并选路到 SS7 网的信令端点 SEP 或信令转接点 STP。

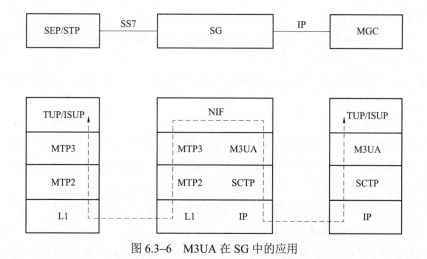

图 6.3–6　M3UA 在 SG 中的应用

2. M3UA 在 IPSP 间的应用方式

在图 6.3–7 中，没有使用信令网关，SCCP 消息直接在两个具有 SCCP 用户协议的 IP 节点 IPSP 间交换，如 RANAP。任何从 M3UA 到 SCCP 的 MTP 原语应该考虑 SCTP 偶联、低层 IP 网、从远端收到的拥塞消息的状态。

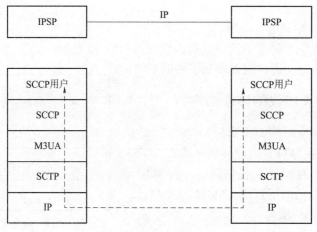

图 6.3–7　M3UA 在 IPSP 间的应用

6.3.3.3　M3UA 相关概念

1. 应用服务器（AS）

服务特定选路关键字的逻辑实体。AS 包含一组唯一的应用服务器进程，其中的一个或几个处于激活状态处理业务。

2. 应用服务器进程（ASP）

应用服务器的进程实例，作为 AS 的激活或备用进程。ASP 包含 SCTP 端点并可以配置 ASP 处理多个 AS 的信令业务。

3. 偶联（Association）

SCTP 偶联，它为 MTP3 用户协议数据单元和 M3UA 适配层对等消息提供传递通道。

4. IP 服务器进程（IPSP）

基于 IP 应用的进程实例。本质上 IPSP 与 ASP 相同，只是 IPSP 使用点到点的 M3UA，而不使用信令网关的业务。

5. 信令网关（SG）

SG 在 IP 网和 SS7 信令网的边界接收或发送 SS7 信令的高层用户消息。SG 是 SS7 信令网中的信令点，包含一个或多个信令网关进程，其中的一个或几个正常处理业务。

6. 信令网关进程（SGP）

信令网关的进程实例，它作为信令网关的激活、备用或负荷分担进程。

7. 选路关键字（Routing Key）

描述一组 SS7 信令参数和参数值，它唯一地定义了由特定应用服务器处理的信令业务。选路关键字中的参数不能基于多个目的地信令点码，M3UA 中使用的选路关键字有：DPC，SIO+DPC，SIO+DPC+OPC，SIO+DPC+OPC+CIC。

8. 选路上下文（Routing Context）

唯一地识别选路关键字的值。

6.3.3.4　M3UA 主要功能

MTP3 用户适配功能，支持在 IP 上承载所有的 MTP3 用户部分的消息传送（ISUP、SCCP、TUP、H.248 等）；

支持分布式的基于 IP 的信令节点；

支持 SCTP 传输连接的管理；

支持 MTP3 用户协议对等层的无缝操作；

支持 MTP3 的网络管理功能；

支持协议层重要数据实时观察功能。

M3UA 的功能结构如图 6.3–8 所示。

1. 原语提供

M3UA 向上层应用（用户）提供 MTP3 能够提供的调用原语，如 MTP–TRANSFER 原语等。

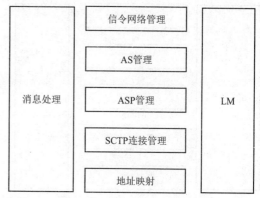

图 6.3–8　M3UA 的功能结构

2. MTP3 消息处理

SG 将从 MTP 侧送来的消息映射到不同的 SCTP 流中，使用地址映射功能将消息向相应 ASP 发送；将从 SCTP 传来的消息组装为 MTP3 用户消息传往 MTP 侧。将不同管理消息向内部各功能模块分发，具备地址映射功能，完成 ROUTE KEY 和 ASP 地址之间的翻译，并维护这个地址映射表。管理 ASP 的 ROUTE KEY 登记（可选）。

3. 本地管理功能

M3UA 提供对下层 SCTP 传输协议的管理，以确保用户消息的传输。M3UA 也提供错误指示给上层或对端。

4. 信令网络管理

SG 处理 MTP 侧的信令点可达、拥塞、重启动指示，向相关 ASP 发出相应指示。收到对等 M3UA 发来的信令网络管理消息，转换成相应原语通知上层用户，执行传输控制功能。

5. SCTP 连接管理

管理 SCTP 连接的建立、拆除、管理阻断、解除阻断等。管理的 SCTP 连接是 SG 与 ASP 之间、SG 与 SG 之间、ASP 与 ASP 之间的连接。

6. AS 状态维护

保存相连的 AS 状态，处理 AS 状态相关的消息。

7. ASP 状态维护

保存相连的 ASP 状态，执行 ASP 启动、退出、激活、去激活。

8. LM 层管理功能

根据本局配置，发起 SCTP 连接的建立、拆除、阻断等，并接收 ASP 状态信息和 SCTP 连接状态信息。

9. 流量控制、拥塞控制功能

6.3.4　SUA 协议

SUA 协议实现 SCCP 用户适配功能。SUA 支持所有的 SS7 SCCP 用户部分的消息传送（TCAP、BSSAP、RANAP 等）；支持 SCCP 四种传输服务；支持 SCTP 传输连接的管理；支持 SCCP 用户协议对等层的无缝操作；支持 SCCP 的网络管理功能。

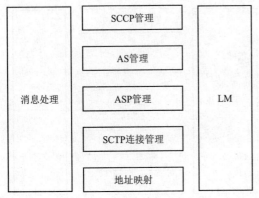

图 6.3-9　SUA 功能结构

SUA 功能结构如图 6.3-9 所示。

1. 消息处理

消息处理模块将用户消息映射到不同的 SCTP 流中，使用地址映射功能将消息向相应 ASP 发送，一般，管理消息映射到流中发送。消息处理模块将从 SCTP 传来的消息组装为 SCCP 用户消息，通过 N 原语送往用户，并将不同管理消息向内部各功能模块分发。

2. SCCP 管理

SCCP 管理模块处理 SCCP 发来的指示（N–State、N–Coord），并将指示转换成对应的网络管理消息，向相关的 ASP 发出。SCCP 管理模块根据收到的 SCTP 指示，向用户报告传输拥塞；如果本地发生拥塞，向对端 SUA 报告。

3. AS 管理

保存相连的 AS 状态，处理 AS 状态相关的消息。

4. ASP 管理

保存相连的 ASP 状态，执行 ASP 启动、退出、激活、去激活。

5. SCTP 连接管理

管理 SCTP 连接的建立、拆除，管理阻断、解除阻断等。

6. 地址映射

将 ROUTE KEY 翻译为相应的 ASP 的地址。

7. LM

根据本局配置，发起 SCTP 连接的建立、拆除、阻断等操作，查询和接收 AS、ASP 状态信息和 SCTP 连接状态信息。

6.4　常用业务流程

知识导读

掌握基础业务的基本流程。

6.4.1　3G 系统鉴权功能

3G 鉴权通过 AKA（Authentication and Key Agreement）过程来实现。

在 AKA 过程中采用双向鉴权，不仅网络可以鉴权用户，用户也可以鉴权网络。这样就可以防止未经授权的"非法"用户接入网络，以及未经授权的"非法"网络为用户提供服务。

3G 鉴权比 2G 鉴权多了如下特征：

（1）双向鉴权，增加了用户对网络的鉴权。

（2）序列码 SQN 的引入及使用。

（3）认证管理域参数 AMF 的使用。

（4）鉴权向量的不可重用性等。

这些特征都从某些方面增强了 CDMA2000 系统的安全性。

6.4.1.1 鉴权参数的产生及组成

用户的鉴权需通过系统提供的用户五元参数组参与来完成，而用户五元参数组是在 AUC 中产生的。

每个用户在注册登记时，就被分配一个用户识别码（IMSI）。IMSI 通过 OTASP 功能或写卡机写入 UIM 卡中，同时在写卡机中又产生一个对应此 IMSI 的唯一的用户密钥 Ki，它被分别存储在 UIM 和 AUC 中。同时在 UIM 和 AUC 存放的参数还包括鉴权算法：f1、f2、f3、f4、f5、f1star、f5star。

在 UIM 和 AUC 中分别存放着各自的序列码 SQNms 和 SQNhe，这些序列码随着鉴权过程的进行而不断发生变化。

AUC 中还有个伪随机码发生器，为用户产生一个不可预测的伪随机数（RAND）。另外，在 AUC 还存放着认证管理域参数 AMF。

各算法的作用如下：

（1）RAND 和 Ki、AMF、SQNhe 经 AUC 的 f1 算法产生认证码 MAC–A。

（2）RAND 和 Ki 经 AUC 的 f2 算法产生响应数 XRES。

（3）RAND 和 Ki 经 AUC 的 f3 算法产生加密密钥 CK。

（4）RAND 和 Ki 经 AUC 的 f4 算法产生完整性密钥 IK。

（5）RAND 和 Ki 经 AUC 的 f5 算法产生匿名密钥 AK。

如果需要对 SQN 进行保护，则用 AK 对 SQN 进行加密（异或），把 SQN 和 AMF、MAC–A 连接起来组成认证令牌 AUTN。这样，由 RAND、XRES、CK、IK、AUTN 一起组成了一个五元组。AUC 中各鉴权参数的产生过程如图 6.4–1 所示。

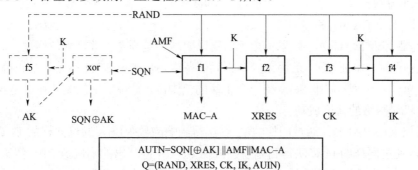

图 6.4–1　AUC 中各鉴权参数的产生过程

认证码 XMAC–A、响应数 RES、加密密钥 CK 以及完整性密钥 IK 在 UIM 里的产生过程如图 6.4–2 所示。

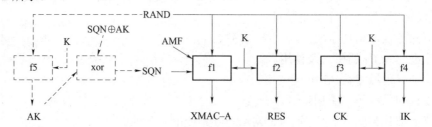

图 6.4–2　UIM 中各鉴权参数的产生过程

6.4.1.2　正常的鉴权过程

3G 正常的鉴权过程如图 6.4–3 所示。

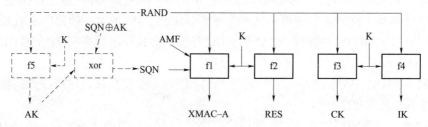

图 6.4–3　3G 正常的鉴权过程

当 HLR 收到 VLR 发送的 AUTHREQ 请求消息时，判断其中的 SYSCAP 参数，若参数中的 AKA 字段置位，则认为 VLR 支持 AKA 鉴权，HLR 向 VLR 返回鉴权向量列表 AVLIST（参数中含多组鉴权五元组），执行 3G 鉴权过程；否则 HLR 认为 VLR 不支持 AKA 鉴权，执行 2G 鉴权过程。

若 HLR/AUC 决定要执行 3G 鉴权过程，则 HLR/AUC 首先生成鉴权五元组，根据用户的 IMSI 号码，在数据库表中查找到该用户的 Ki、SQN、AMF 等参数，同时产生若干组随机数 RAND，并计算出相应响应数 XRES、加密密钥、完整性密钥、认证令牌 AUTN。

HLR/AUC 生成鉴权五元组成功，向 VLR 发送 authreq 响应，响应中含参数 AVLIST。

VLR 发出鉴权操作，传送一个随机数 RAND 和认证令牌 AUTN 给 MS。

MS 根据 Ki、RAND 和 AUTN，通过同样的 f1 算法得到认证码 XMAC–A。然后验证 XMAC–A 是否等于 MAC–A。如果不相等，则说明网络是一个"非法"的网络，即手机对网络认证失败；否则，验证 SQN 是否在一个正确的范围内，如果 SQN 不在一个正确的范围内，则产生一个重同步过程；如果 SQN 在一个正确的范围内，则说明网络是一个最近经过授权的网络，即手机对网络的认证成功。

手机根据 Ki、RAND，通过同样的 f2 算法得到响应数 RES，通过同样的 f3 算法得到加密密钥 CK，通过同样的 f4 算法得到完整性密钥 IK，并将算出的响应数 RES 传送给 VLR。

在 VLR 中，将手机计算出的响应数和 AUC 计算出来的响应数进行比较，如果相同，则说明此用户为合法用户，完成了网络对用户的鉴权。

6.4.1.3　重同步过程说明

当 MS 验证 SQN 失败时，也就是说发现 SQN 不在一个正确的范围内，要发起一个重同步过程，重新同步 MS 的序列码和 HLR/AUC 里面的序列码。重同步过程如下：

UIM 根据 Ki、SQN、AMF 以及随机数 RAND 通过 f1star 计算 MAC-S、MAC-S 和 SQN 一起组成 AUTS，然后向 VLR 发送鉴权失败消息，带有参数 AUTS。

VLR 收到带有 AUTS 参数的鉴权失败消息后，发现是重同步过程，就向 HLR/AUC 索取新的鉴权向量。

HLR 收到 VLR 的索取鉴权向量请求后，发现是重同步过程，就转入同步过程的处理。

首先验证 SQN 是否在正确的范围内，即下一个产生的序列码 SQN 是否能被 UIM 接收。如果 SQN 在正确的范围内，那么 HLR/AUC 产生一批新的鉴权向量并把它发送给 VLR。如果 SQN 不在正确的范围内，则 HLR/AUC 根据 Ki、SQN、AMF、RAND 通过 f1star 算法计算并验证 XMAC-S。如果 XMAC-S=MAC-S，则把 SQNms 的值赋给 SQNhe，然后产生一批新的鉴权向量并把它发送给 VLR。

VLR 重新向 MS 发起一个鉴权流程，处理同正常的鉴权过程。鉴权重同步参数 AUTS 在 UIM 里面的产生过程如图 6.4-4 所示。

鉴权重同步时在 HLR/AUC 里验证 MAC-S 的过程如图 6.4-5 所示。

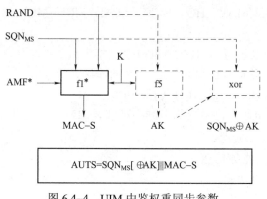

图 6.4-4　UIM 中鉴权重同步参数
AUTS 的产生过程

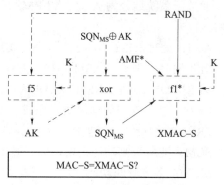

图 6.4-5　AUC 中鉴权重同步参数
AUTS 的产生过程

6.4.2　移动呼叫功能

移动呼叫业务包括本局呼叫、出局呼叫（去话）、入局呼叫（来话）和出入局呼叫（汇接），后三者则须由局间信令支持。

局间信令按其方式不同，分为如下三种：

（1）随路信令，适用于 DT、ABT 和 SFT 等中继器与它局之间的通信。

（2）共路信令，适用于程控局之间的信令传递。

（3）SIP 信令，适用于 IP 网络之间的信令传递。

本节仅介绍局间信令使用 SIP 信令的情况。

在 LMSD 域中，原 MSC 网元分为 MSCe 和 MGW 两个网元，MSCe 网元负责呼叫控制过程，而 MGW 负责呼叫承载链路的建立，MSCe 通过 39/xx 接口控制 MGW 网元建立承载连接，39/xx 接口传输的信令符合标准的 H.248 协议规范。

一个呼叫的完成需要通过多个 MSCe 的交换，其中与 MS 直接交互的 MSCe 是 VMSCe，在 VMSCe 中完成呼叫功能的模块是 BCM 模块（基本呼叫处理模块）。

在 ZXC10 MSCe 中，完成一个呼叫的全过程需要业务子系统和信令子系统的多个模块参与，移动呼叫业务处理模块的结构如图 6.4-6 所示。

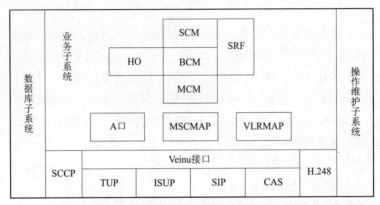

图 6.4-6 移动呼叫业务处理模块的结构

业务子系统划分为 A 口、VLRMAP、MSCMAP、HO、BCM、SCM、SRF、MCM 8 大模块。

A 口：处理 IOS2.0/4.0/5.0 信令，实现 MSCe 与 2G BSC、3G BSC 的连接。

MSCMAP：处理 ANSI41 MAP 信令，实现 MSCe 与 HLR、SCP 的连接。

VLRMAP：处理 ANSI41 MAP 信令，与 DB 一起，实现 VLR 功能。

BCM：基本呼叫处理模块，完成基本呼叫业务以及除多方呼叫外的各类补充业务功能。

SRF：特殊资源功能模块，完成放音及收号处理。

SCM：业务控制功能模块，完成智能呼叫业务功能。

MCM：多方呼叫功能模块，完成多方呼叫功能。

HO：切换模块，完成局间及局内切换功能。

信令子系统分为 SCCP、TUP、ISUP、CAS、H.248、SIP 等模块。

业务子系统中，BCM、MCM、SCM、HO、SRF 统称为 C 层（呼叫相关层），实现控制相关业务，具体体现 LMSD 域承载与控制相分离的思想。

ZXC10 MSCe 还引入 Veinu 接口，实现呼叫与信令的分离：除 SCCP 模块和 H.248 模块外，C 层与信令子系统各模块的连接都通过 Veinu 接口进行。

6.4.2.1 始呼流程

（1）3G BS 接入，CM Service Request 消息中携带 BS 承载信息本流程假定：用户从 3G BS 接入，BS 发送的 CM Service Request 消息中携带 BS 承载信息；呼叫为出局呼叫，且为 SIP 出局，其流程图如图 6.4-7 所示。

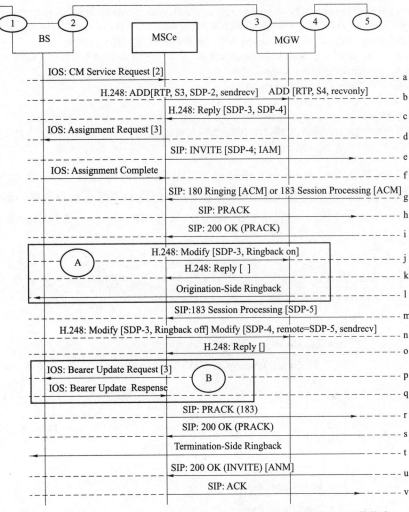

图 6.4-7　始呼流程（3G BS 接入，CM Service Request 消息中携带 BS 承载信息）

a. 用户从 3G BS 接入。BS 向 MSCe 发送 CM Service Request 消息，消息中携带 BS 侧的承载信息 SDP-2，以及 BS、MS 支持的编解码能力列表。

b. MSCe 向 MGW 发送两个 ADD 命令。第一个 ADD 命令增加 RTP 终端 3 用于建立和 BS 的 RTP 承载通道。终端 3 的模式设置为 sendrecv，命令中同时含 SDP-2。第二个 ADD 命令创建 RTP 终端 4，用于建立与 IP 网的 RTP 承载通道。终端模式设置为 recvonly。

c. MGW 返回 Reply 响应，响应中包含 SDP-3 和 SDP-4，以及 MGW 支持的编解码能力列表。

d. MSCe 向 BS 发送 Assignment Request 消息，消息中含 MGW 的连接信息，即 SDP-3，以及 MSCe 为 MS 指定的 codec。

e. MSCe 向 IP 网发送 SIP 消息 INVITE，消息中含 SDP-4、编解码列表以及封装后的 IAM 消息。

f. BS 返回 Assignment Complete 消息。

g. 如果要求提供早振铃，则 MSCe 接收到 IP 网络的 SIP：180 消息，否则 MSCe 接收到 SIP：183 消息。180 和 183 消息中都封装有 ACM 消息。

h. MSCe 向 IP 网络返回对 180/183 的 PRACK 响应。

i. IP 网络返回对 PRACK 的 200 OK 响应。以下步骤 j～1 假定呼叫采用 Option-A。Option-A 表示 MSCe 被要求提供始呼侧的呼叫进展提示音（早振铃）。

j. Option-A：MSCe 向 MGW 发送 Modify 消息，要求向终端 3 提供主叫侧回铃音。

k. Option-A：MGW 返回 Reply 消息。

l. Option-A：MGW 向 MS 发送主叫侧回铃音。

m. IP 网络返回 SIP：183 消息，消息中含 SDP-5，以及指定的 Codec。

n. MSCe 向 MGW 发送 Modify 命令。如果 MSCe 提供了主叫回铃，则一个 Modify 命令指示 MGW 停止主叫侧回铃音，否则 MSCe 只发送另一个 Modify 命令，此命令将终端 4 的流模式设置为 sendrecv，且将终端 4 的远端设置为 SDP–5。

o. MGW 返回 Reply 响应。以下可选情况 Option–B 描述 BS 侧的承载格式需要修改的情况：

p. Option–B：MSCe 向 BS 发送 Bearer Update Request 消息，消息中包含要修改的承载格式和/或 MGW 地址信息。

q. Option–B：BS 返回 Bearer Update Response 消息。

r. MSCe 向 IP 网络返回 SIP：PRACK（183）消息。

s. MSCe 接收到对 PRACK 的 200 OK 响应。

t. 被叫侧回铃音由 IP 网络通过 MGW 及 BS 传送到 MS。

u. 用户摘机，IP 网络向 MSCe 返回对 INVITE 消息的 200 OK 响应。

v. MSCe 返回的 200 OK 消息的确认 ACK。

（2）3G BS 接入，Assignment Complete 消息中携带 BS 承载信息本流程假定：用户从 3G BS 接入，BS 发送的 BS 发送的 CM Service Request 消息中不携带承载信息，而由 Assignment Complete 消息传送至 MSCe。呼叫为出局呼叫，且为 SIP 出局，其流程图如图 6.4–8 所示。

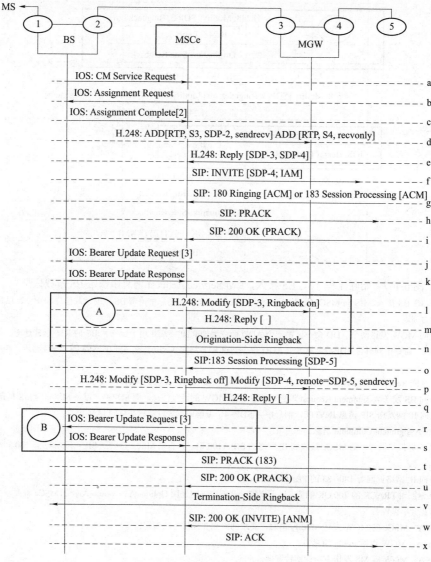

图 6.4–8　始呼流程（3G BS 接入，Assignment Complete 消息中携带 BS 承载信息）

a. 用户从 3G BS 接入。BS 向 MSCe 发送 CM Service Request 消息，不带有 BS 侧的承载信息 SDP-2，以及 BS、MS 支持的编解码能力列表。

b. MSCe 向 BS 发送 Assignment Request 消息。

c. BS 返回 Assignment Complete 消息，其中包含 BS 侧的承载信息 SDP-2，以及 BS、MS 支持的编解码能力列表。

d. MSCe 向 MGW 发送两个 ADD 命令。第一个 ADD 命令增加 RTP 终端 3 用于建立和 BS 的 RTP 承载通道。终端 3 的模式设置为 sendrecv。第二个 ADD 命令创建 RTP 终端 4，用于建立与 IP 网的 RTP 承载通道。终端模式设置为 recvonly。

e. MGW 返回 Reply 响应，响应中包含 SDP-3 和 SDP-4，以及 MGW 支持的编解码能力列表。

f. MSCe 向 IP 网发送 SIP 消息 INVITE，消息中含 SDP-4、编解码列表以及封装后的 IAM 消息。

g. 如果要求提供早振铃，则 MSCe 接收到 IP 网络的 SIP：180 消息，否则 MSCe 接收到 SIP：183 消息。180 和 183 消息中都封装有 ACM 消息。

h. MSCe 向 IP 网络返回对 180/183 的 PRACK 响应。

i. IP 网络返回对 PRACK 的 200 OK 响应。以下步骤 j～n 假定呼叫采用 Option-A。Option-A 表示 MSCe 被要求提供始呼侧的呼叫进展提示音（早振铃）。

j. Option-A：MSCe 向 BS 发送 Bearer Update Request 消息，消息中含 MGW 的连接信息 SDP-3，以便于向 MS 发送主叫回铃。

k. Option-A：BS 返回 Bearer Update Response 响应。

l. Option-A：MSCe 向 MGW 发送 Modify 消息，要求向终端 3 提供主叫侧回铃音。

m. Option-A：MGW 返回 Reply 消息。

n. Option-A：MGW 向 MS 发送主叫侧回铃音。

o. IP 网络返回 SIP：183 消息，消息中含 SDP-5，以及指定的 Codec。

p. MSCe 向 MGW 发送 Modify 命令。如果 MSCe 提供了主叫回铃，则一个 Modify 命令指示 MGW 停止主叫侧回铃音，否则 MSCe 只发送另一个 Modify 命令，此命令将终端 4 的流模式设置为 sendrecv，且将终端 4 的远端设置为 SDP-5。

q. MGW 返回 Reply 响应。以下可选情况 Option-B 描述：① 已执行 Option-A 所述步骤，但仍需修改 BS 侧的承载格式的情况；② MSCe 不提供主叫侧回铃音，因而无 Option-A 所述的 BS 侧承载格式修改过程的情况。

r. Option-B：MSCe 向 BS 发送 Bearer Update Request 消息，消息中包含要修改的承载格式和/或 MGW 地址信息。

s. Option-B：BS 返回 Bearer Update Response 消息。

t. MSCe 向 IP 网络返回 SIP：PRACK（183）消息。

u. MSCe 接收到对 PRACK 的 200 OK 响应。

v. 被叫侧回铃音由 IP 网络通过 MGW 及 BS 传送到 MS。

w. 用户摘机，IP 网络向 MSCe 返回对 INVITE 消息的 200 OK 响应。

v. MSCe 返回的 200 OK 消息的确认 ACK。

（3）2G BS 接入，本流程假定：用户从 2G BS 接入；呼叫为出局呼叫，且为 SIP 出局，其流程图如图 6.4.-9 所示。

6.4.2.2　终呼流程

（1）3G BS 接入，Paging Response 消息中携带 BS 承载本流程假定：3G BS 接入，BS 发送的 Paging Response 消息中携带 BS 承载信息；呼叫为入局呼叫，且为 SIP 入局。其流程图如图 6.4-10 所示。

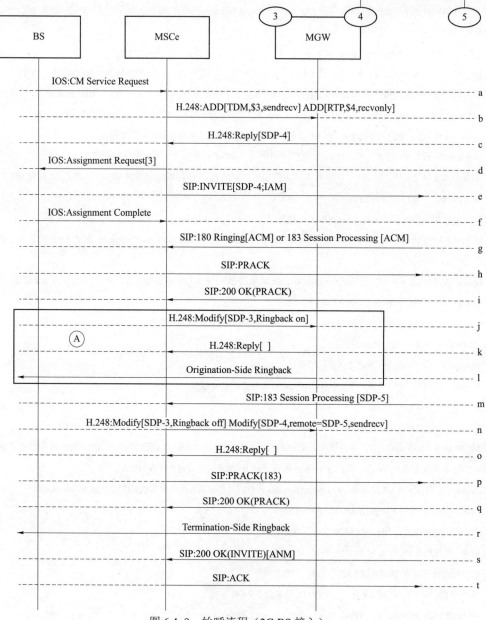

图 6.4-9　始呼流程（2G BS 接入）

a. 用户从 2G BS 接入。BS 向 MSCe 发送 CM Service Request 消息。

b. MSCe 根据配置判断呼叫为 2G BS 接入，向 MGW 发送两个 ADD 命令。第一个 ADD 命令增加 TDM 终端 3 用于建立和 BS 的电路连接。终端 3 的模式设置为 sendrecv。第二个 ADD 命令创建 RTP 终端 4，用于建立与 IP 网的 RTP 承载通道。终端模式设置为 recvonly。

c. MGW 返回 Reply 响应，响应中 SDP-4 以及 MGW 支持的编解码能力列表。

d. MSCe 向 BS 发送 Assignment Request 消息，消息中含 TDM 终端 3 的信息，即指配的 BS 和 MSCe 之间的地面电路信息。

e. MSCe 向 IP 网发送 SIP 消息 INVITE，消息中含 SDP-4、编解码列表以及封装后的 IAM 消息。

f. BS 返回 Assignment Complete 消息。

g. 如果要求提供早振铃，则 MSCe 接收到 IP 网络的 SIP：180 消息，否则 MSCe 接收到 SIP：183 消息。180 和 183 消息中都封装有 ACM 消息。

h. MSCe 向 IP 网络返回对 180/183 的 PRACK 响应。

i. IP 网络返回对 PRACK 的 200 OK 响应。以下步骤 j~1 假定呼叫采用 Option-A。Option-A 表示 MSCe 被要求提供始呼侧的呼叫进展提示音（早振铃）。

j. Option-A：MSCe 向 MGW 发送 Modify 消息，要求向终端 3 提供主叫侧回铃音。

k. Option-A：MGW 返回 Reply 消息。

l. Option-A：MGW 向 MS 发送主叫侧回铃音。

m. IP 网络返回 SIP：183 消息，消息中含 SDP-5，以及指定的 Codec。

n. MSCe 向 MGW 发送 Modify 命令。如果 MSCe 提供了主叫回铃，则一个 Modify 命令指示 MGW 停止主叫侧回铃音，否则 MSCe 只发送另一个 Modify 命令，此命令将终端 4 的流模式设置为 sendrecv，且将终端 4 的远端设置为 SDP-5。

o. MGW 返回 Reply 响应。

p. MSCe 向 IP 网络返回 SIP：PRACK（183）消息。

q. MSCe 接收到对 PRACK 的 200 OK 响应。

r. 被叫侧回铃音由 IP 网络通过 MGW 及 BS 传送到 MS。

s. 用户摘机，IP 网络向 MSCe 返回对 INVITE 消息的 200 OK 响应。

t. MSCe 返回的 200 OK 消息的确认 ACK。

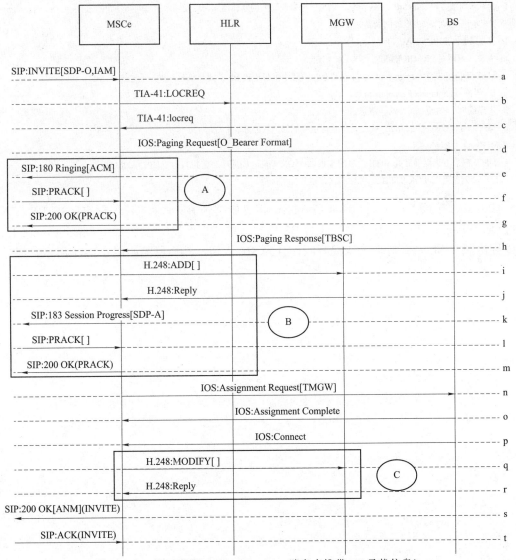

图 6.4-10　终呼流程（Paing Response 消息中携带 BS 承载信息）

a. SIP 入呼，服务 MSCe 接收到 SIP：INVITE 消息，消息中含 O 端媒体 SDP-O，以及封装的 IAM 消息（可选）。

b. MSCe 根据被叫号码向 HLR 发送 LOCREQ 请求。

c. HLR 返回 locreq 响应，响应表明用户在本局。

d. MSCe 向 BS 发送 Paging Request 消息，消息可包含 O 端指定的具有最高优先级的承载格式。可选项 Option-A 描述要求始呼 MSCe 提供主叫侧呼叫进展提示（即早振铃）处理的情况。

e. Option-A：始呼 MSCe 向前方局返回 SIP：180 Ringing 消息，指示始呼局为用户提供呼叫进展提示。180 消息中可封装有 ACM 消息（可选）。

f. Option-A：前方局返回 SIP：PRACK。

g. Option-A：MSCe 返回 SIP：200 OK（PRACK）。

h. BS 返回 Paging Response 响应，响应中携带 BS 侧承载信息及 MS/BS 所接收或要求的 codec/transcoder。

i. MSCe 向 MGW 发送两个 ADD 命令。一个 ADD 命令用于创建连接 BS 的终端，一个 ADD 命令用于创建连接前局的终端。ADD 命令中还应包含 BS 侧和始呼局的媒体信息。

j. MGW 返回 Reply 响应。

k. MSCe 向前方局发送 SIP：183 消息，消息中携带入局侧的媒体信息，以及为本次呼叫所选定的 codec。183 消息向始呼局表明呼叫提示进展媒体改由服务侧来提供。

l. 前方局返回 SIP：PRACK 响应。

m. MSCe 返回对 PRACK 的 SIP：200 OK 响应。

n. MSCe 向 BS 发送 Assignment Request 消息，消息中携带连接 BS 的媒体信息，以及选定的 codec。

o. BS 返回 Assignment Response 消息。

p. 用户摘机，BS 返回 Connect 消息。

q. MSCe 向 MGW 发送 Modify 命令，停止对主叫的回铃音处理。

r. MGW 返回 Reply 响应。

s. MSCe 向前方局返回对 INVITE 消息的 SIP：200 OK 响应，响应中可能封装由 ISUP：ANM 消息。

t. 前方局返回对 200 OK 的 SIP：ACK 确认，至此呼叫接通。

（2）3G BS 接入，Assignment Complete 消息中携带 BS 承载本流程假定：3G BS 接入，BS 发送的 Paging Response 消息中不含 BS 承载信息；BS 承载信息由 Assignment Complete 消息返回给服务 MSCe；呼叫为入局呼叫，且为 SIP 入局，其流程图如图 6.4-11 所示。

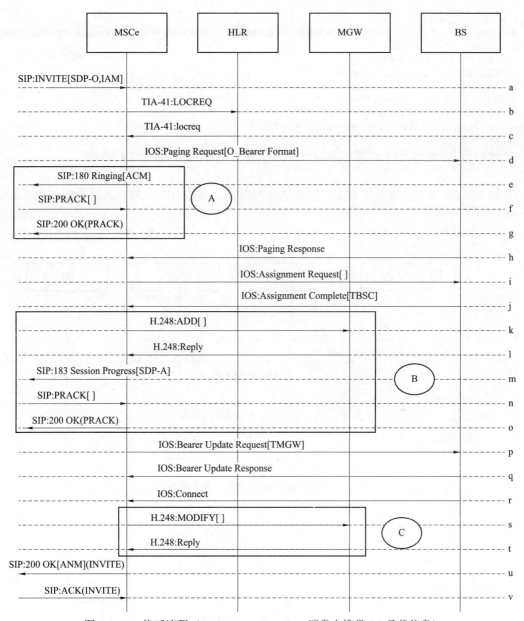

图 6.4–11　终呼流程（Assignment Complete 消息中携带 BS 承载信息）

a. SIP 入呼，服务 MSCe 接收到 SIP：INVITE 消息，消息中含 O 端媒体 SDP–O，以及封装的 IAM 消息（可选）。

b. MSCe 根据被叫号码向 HLR 发送 LOCREQ 请求。

c. HLR 返回 locreq 响应，响应表明用户在本局。

d. MSCe 向 BS 发送 Paging Request 消息，消息可包含 O 端指定的具有最高优先级的承载格式。可选项 Option–A 描述要求始呼 MSCe 提供主叫侧呼叫进展提示（即早振铃）处理的情况。

e. Option–A：始呼 MSCe 向前方局返回 SIP：180 Ringing 消息，指示始呼局为用户提供呼叫进展提示媒体。180 消息中可封装有 ACM 消息（可选）。

f. Option–A：前方局返回 SIP：PRACK。

g. Option–A：MSCe 返回 SIP：200 OK（PRACK）。

h. BS 返回 Paging Response 响应，响应中未携带 BS 侧承载信息。

i. MSCe 向 BS 发送 Assignment Request 消息，消息中携带连接 BS 的媒体信息，以及选定的 codec。

j. BS 返回 Assignment Response 消息，消息中携带 BS 侧承载信息。

k. MSCe 向 MGW 发送两个 ADD 命令。一个 ADD 命令用于创建连接 BS 的终端，一个 ADD 命令用于创建连接前方局的终端。ADD 命令中还应包含 BS 侧和始呼局的媒体信息。

l. MGW 返回 Reply 响应。

m. MSCe 向前方局发送 SIP：183 消息，消息中携带入局侧的媒体信息，以及为本次呼叫所选定的 codec。183 消息向始呼局表明呼叫提示进展媒体改由服务侧来提供。

n. 前方局返回 SIP：PRACK 响应。

o. MSCe 返回对 PRACK 的 SIP：200 OK 响应。

p. MSCe 向 BS 发送 Bearer Update Request 消息，消息中携带连接 BS 的媒体信息，以及选定的 codec。

q. BS 返回 Bearer Update Response 消息。

r. 用户摘机，BS 返回 Connect 消息。

s. MSCe 向 MGW 发送 Modify 命令，停止对主叫的回铃音处理。

t. MGW 返回 Reply 响应。

u. MSCe 向前方局返回对 INVITE 消息的 SIP：200 OK 响应，响应中可能封装由 ISUP：ANM 消息。

v. 前方局返回对 200 OK 的 SIP：ACK 确认，至此呼叫接通。

（3）2G BS 接入，本流程假定：呼叫为入局呼叫，且为 SIP 入局，其流程图如图 6.4-12 所示。

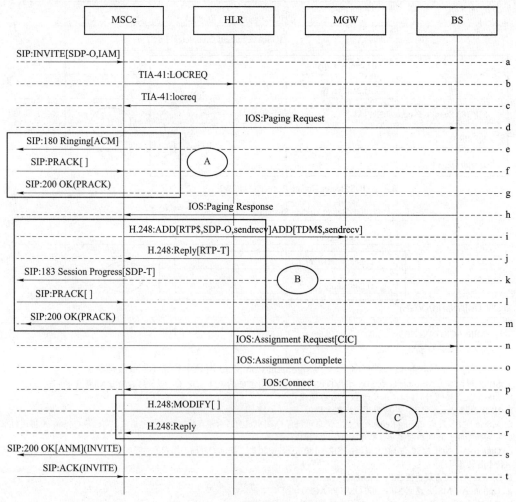

图 6.4-12　终呼流程（2G BS 接入）

a. SIP 入呼，服务 MSCe 接收到 SIP：INVITE 消息，消息中含 O 端媒体 SDP-O，以及封装的 IAM 消息（可选）。

b. MSCe 根据被叫号码向 HLR 发送 LOCREQ 请求。

c. HLR 返回 locreq 响应，响应表明用户在本局。

d. MSCe 向 2G BS 发送 Paging Request 消息。可选项 Option–A 描述要求始呼 MSCe 提供主叫侧呼叫进展提示（即早振铃）处理的情况。

e. Option–A：始呼 MSCe 向前方局返回 SIP：180 Ringing 消息，指示始呼局为用户提供呼叫进展提示媒体。180 消息中可封装有 ACM 消息（可选）。

f. Option–A：前方局返回 SIP：PRACK。

g. Option–A：MSCe 返回 SIP：200 OK（PRACK）。

h. BS 返回 Paging Response 响应。

i. MSCe 向 MGW 发送两个 ADD 命令。一个 ADD 命令用于创建连接 BS 的 TDM 终端，一个 ADD 命令用于创建连接前方 IP 网络的 RTP 终端。后一命令中还应包含 SDP–O。

j. MGW 返回 Reply 响应。

k. MSCe 向前方局发送 SIP：183 消息，消息中携带入局侧的媒体信息，以及为本次呼叫所选定的 codec。183 消息向始呼局表明呼叫提示进展媒体改由服务侧来提供。

l. 前方局返回 SIP：PRACK 响应。

m. MSCe 返回对 PRACK 的 SIP：200 OK 响应。

n. MSCe 向 BS 发送 Assignment Request 消息，消息中携带连接 BS 的 TDM 信息，即 MSCe 指配的地面电路信息。

o. BS 返回 Assignment Response 消息。

p. 用户摘机，BS 返回 Connect 消息。

q. MSCe 向 MGW 发送 Modify 命令，停止对主叫的回铃音处理。

r. MGW 返回 Reply 响应。

s. MSCe 向前方局返回对 INVITE 消息的 SIP：200 OK 响应，响应中可能封装由 ISUP：ANM 消息。

t. 前方局返回对 200 OK 的 SIP：ACK 确认，至此呼叫接通。

6.4.2.3　呼叫清除流程

（1）MS 发起的呼叫清除流程如图 6.4–13 所示。

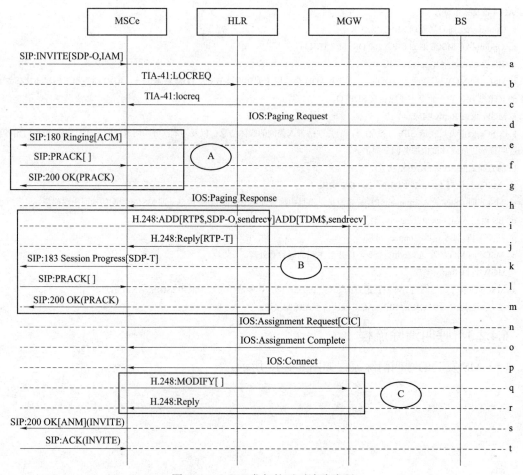

图 6.4-13　MS 发起的呼叫清除流程

a. BS 决定结束呼叫，向 MSCe 发送 Clear Request 消息。

b. MSCe 向对端网络发送 SIP：BYE 消息。

c. 对端网络返回对 BYE 消息的 SIP：200 OK。

d. MSCe 向 BS 发送 Clear Command 消息。

e. BS 返回 Clear Complete 消息。

f. MSCe 向 MGW 发送两条 SUBSTRACT 命令，分别删除终端 3 和 4。

g. MGW 返回 Reply 响应。

（2）网络发起的呼叫清除流程如图 6.4-14 所示。

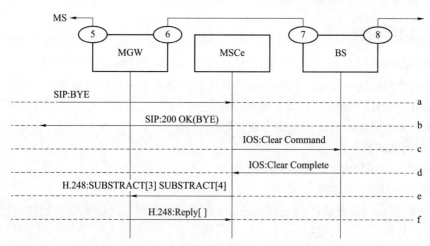

图 6.4-14　网络发起的呼叫清除流程

a. 服务 MSCe 接收到 SIP：BYE 命令。

b. MSCe 向对端网络返回对 BYE 的 SIP：200 OK 消息。

c. MSCe 向 BS 发送 Clear Command 消息。

d. BS 返回 Clear Complete 消息。

e. MSCe 向 MGW 发送两条 SUBSTRACT 命令，分别删除终端 3 和 4。

f. MGW 返回 Reply 响应。

（3）MSCe 发起的呼叫清除流程如图 6.4-15 所示。

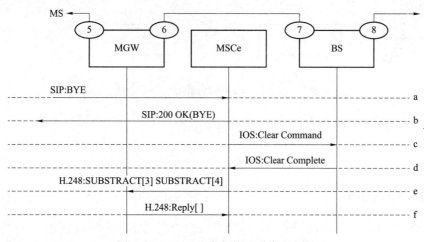

图 6.4-15　MSCe 发起的呼叫清除流程

a. 服务 MSCe 决定结束呼叫，向对端网络发送 SIP：BYE 消息。

b. 对端网络返回对 BYE 消息的 SIP：200 OK。

c. MSCe 同时向 BS 发送 Clear Command 消息。

d. BS 返回 Clear Complete 消息。

e. MSCe 向 MGW 发送两条 SUBSTRACT 命令，分别删除终端 3 和 4。

f. MGW 返回 Reply 响应。

6.4.3　切换功能

当移动台在呼叫过程中，由于各种原因需要改变业务信道时，将发生切换。在 CDMA 系统中，切换可分为软切换和硬切换两大类，其中软切换要求在切换过程中不改变信道频率以及选择分配单元 SDU，使通话在切换过程中不发生中断。

按切换过程中所参与的实体又可将切换过程分为：

1）BSC 内部切换

同一 MSC 下不同 BSC 之间的局内切换。

2）MSC 之间的局间切换

对于 ZXC10 MSCe 来说，由于存在与 2G 系统的切换可能，因此切换的情况比 2G 系统要复杂许多，具体有以下几类：

（1）2G 到 2G 的系统内切换：包括局内切换和局间切换；

（2）2G 到 3G 的系统间切换：包括局内切换和局间切换；

（3）3G 到 2G 的系统间切换：包括局内切换和局间切换；

（4）3G 到 3G 的系统内切换：包括局内切换和局间切换。

6.4.3.1　软切换

软切换不需要 MSCe 的参与，只是在软切换完成后向 MSCe 发送一条切换执行消息，其流程如图 6.4–16 所示。

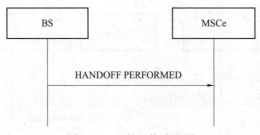

图 6.4–16　软切换流程图

6.4.3.2　局内切换

以 3G BS 到 3G BS 的局内切换为例，局内切换的流程如图 6.4–17 所示。

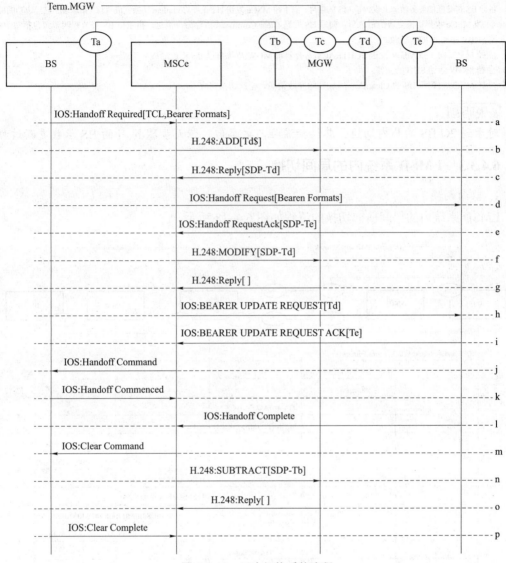

图 6.4-17　局内切换系统流程

a. 服务 BS 向主控 MSCe 发送 Handoff Required 切换申请消息，发起一个切换过程，切换申请消息中包含目标小区列表。

b. 主控 MSCe 根据目标小区的位置确定切换到本 MSCe 的另一个 BS；向 MGW 发送 ADD 命令增加一个新的终端 Td，用来建立与目标 BS 之间的 A2P 承载。

c. MGW 返回一个应答，包含 Td 的 SDP（包括 IP、端口和承载格式）。

d. 主控 MSCe 向目标 BS 发送 Handoff Request 切换请求消息，其中带有 Td 的 SDP 及 MGW 所支持的承载格式。

e. 目标 BS 向主控 MSCe 返回 Handoff Request Ack 切换请求应答消息，其中包括 BS 侧的终端 Te 的 SDP，以及 BS 所支持的承载格式；同时尝试接入 MS。

f. 主控 MSCe 向 MGW 发送 MODIFY 命令，向 Td 终端提供 BS 侧的 IP 地址和承载格式，对 Td 终端进行修改，此时 MSCe 决定至 BS 侧的承载格式。

g. MGW 返回 Reply 一个应答。

h. 主控 MSCe 向目标 BS 发送 BEARER UPDATE REQUEST 承载更新请求消息，带去终端 Td 首选的承载格式。

i. 如果目标 BS 收到 BEARER UPDATE REQUEST 消息，则会给目标 MSCe 返回一个 BEARER UPDATE REQUEST ACK 承载更新请求响应消息，带回终端 Te 选择的承载格式。

j. 主控 MSCe 确认了与目标 BS 建立了连接，主控 MSCe 向服务 BS 发送切换命令 Handoff Command，通知 MS 应该开始接入目标 BS 的信道了。

k. 原 BS 向主控 MSCe 发送 Handoff commenced 切换开始消息，表示 MS 收到切换指令并开始切换。

l. 目标 BS 在分配的业务信道上收到了 MS 的信号，向主控 MSCe 发送 Handoff Complete 切换完成消息，指示 MS 已经成功的接入。

m. 主控 MSCe 收到切换完成的消息后，向原 BS 发送 Clear Command 清除命令消息，指示原 BS 释放呼叫资源包括空中资源和与主控 MGW 相连的 RTP 资源。

n. 主控 MSCe 向主控 MGW 发送 SUBTRACT 命令要求 MGW 删除与原 BS 相连的终端 Tb。

o. 主控 MGW 返回 SUB 的应答。

p. 主控 MSCe 收到原 BS 的 Clear Complete 清除完成消息，至此切换完成。

&说明：

对于到 2G BS 的局内切换，其切换流程与之类似，但无步骤 h、i 的 BS 承载更新过程。

6.4.3.3　LMSD 系统内的局间切换

1. 前向切换

LMSD 系统内的局间前向切换的流程如图 6.4–18 所示。

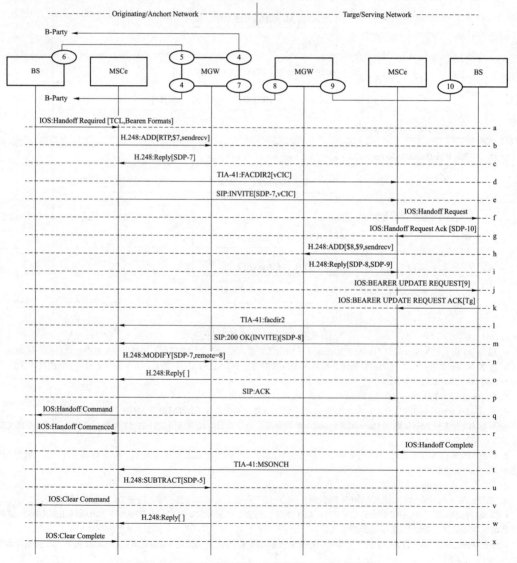

图 6.4–18　LMSD 系统内的局间前向切换流程图

a. 服务 BS 向主控 MSCe 发送 Handoff Required 切换申请消息，发起一个切换过程，切换申请消息中包含 MS 所支持的承载的格式（编码格式）及目标小区列表。

b. 主控 MSCe 根据目标小区的位置，确定要切换到另一个 MSCe；向 MGW 发送 ADD 命令增加一个新的终端 7，用来建立与另一个 MGW 的 yy 通道，终端 7 用与 5 相同的承载格式初始化，终端 7 在上下文中处于 isolate 状态。

c. 主控 MGW 返回一个应答，包含终端 7 的 SDP（包括 IP、端口和承载格式）。

d. 主控 MSCe 向目标 MSCe 发送 TIA–41：FACDIR2 消息，消息中包含参数 vCIC，此参数指示本次切换将使用 IP 承载，而非 TDM 承载。

e. 主控 MSCe 向目标 MSCe 发送 SIP：INVITE 消息，其中带有终端 7 的 SDP、MGW 所支持的承载格式以及 vCIC 参数，vCIC 参数的传送目的是便于目标 MSCe 将此 INVITE 消息关联到上一条 MAP FACDIR2 消息。

f. 目标 MSCe 向目标 BS 发送 Handoff Request 切换请求消息，其中带有 Tf 的 SDP 及目标 MGW 所支持的承载格式。

g. 目标 BS 向目标 MSCe 返回 Handoff Request Ack 切换请求应答消息，其中包括 BS 侧的终端 10 的 SDP，以及 BS 所支持的承载格式；同时尝试接入 MS。

h. 目标 MSCe 向目标 MGW 发送 ADD 命令，在 MGW 上创建一个新的上下文和新的终端 8 与 9，终端 8 的编码格式与 INVITE 消息中带来的编码方式相同，终端 9 用来建立与目标 BS 之间的 A2P 承载。

i. 目标 MGW 返回一个应答，包含终端 8 和 9 的 SDP。

j. 目标 MSCe 向目标 BS 发送 BEARER UPDATE REQUEST 承载更新请求消息，带去终端 9 首选的承载格式。

k. 如果目标 BS 收到 BEARER UPDATE REQUEST 消息，则会给目标 MSCe 返回一个 BEARER UPDATE REQUEST ACK 承载更新请求响应消息，带回终端 10 选择的承载格式。

l. 目标 MSCe 确认与目标 BS 建立了连接，向主控 MSCe 发送 facdir 2 响应。

m. 目标 MSCe 向主控 MSCe 发送 SIP 消息 200 OK，其中包含终端 8 的 SDP，以及终端 8 所使用的编解码格式。

n. 主控 MSCe 向 MGW 发送 MODIFY 消息，向终端 7 提供远端 8 的 IP，端口号，对终端 7 进行修改。

o. MGW 返回应答 Reply。

p. 主控 MSCe 通过 ACK 消息应答目标 MSCe 的 200 OK 消息。

q. 主控 MSCe 向服务 BS 发送切换命令 Handoff Command，通知 MS 应该开始接入目标 BS 的信道了。

r. 原 BS 向主控 MSCe 发送 Handoff Commenced 切换开始消息，表示 MS 收到切换指令并开始切换。

s. 目标 BS 在分配的业务信道上收到了 MS 的信号，向目标 MSCe 发送 Handoff Complete 切换完成消息，指示 MS 已经成功的接入。

t. 目标 MSCe 收到切换完成的消息后，向主控 MSCe 发送 MAP 消息 MSONCH，指示目标 BS 已经接入了 MS。

u. 主控 MSCe 向主控 MGW 发送 SUBTRACT 命令要求 MGW 删除与原 BS 相连的终端 5。

v. 主控 MSCe 向原 BS 发送 Clear Command 清除命令消息，指示原 BS 释放呼叫资源包括空中资源和与主控 MGW 相连的 RTP 资源。

w. 主控 MGW 返回 SUB 的应答。

x. 主控 MSCe 收到原 BS 的 Clear Complete 清除完成消息，至此切换完成。

2. 后向切换

LMSD 系统内的局间后向切换流程如图 6.4–19 所示。

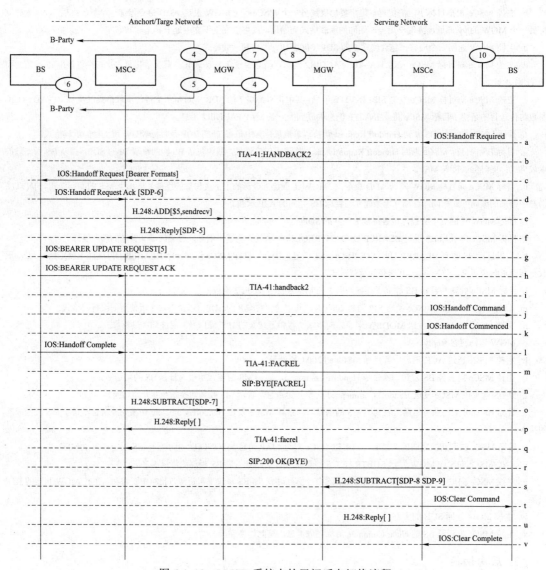

图 6.4–19　LMSD 系统内的局间后向切换流程

a. 服务 BS 向服务 MSCe 发送 Handoff Required 切换申请消息，发起一个切换过程，切换申请消息中包含 MS 所支持的承载的格式（编码格式）及目标小区列表。

b. 服务 MSCe 根据目标小区的位置，确定要切换到主控 MSCe；向主控 MSCe 发送 MAP 消息后向切换请求 HANDBACK2，指示主控 MSCe 发起后向切换。

c. 主控 MSCe 向目标 BS 发送 Handoff Request 切换请求消息。

d. 目标 BS 向主控 MSCe 返回 Handoff Request Ack 切换请求应答消息，其中包括 BS 侧的终端 6 的 SDP，以及 BS 所支持的承载格式；同时尝试接入 MS。

e. 主控 MSCe 向 MGW 发送 ADD 命令，在终端 4 所在的上下文中增加一个新的终端 5，用来建立与目标 BS 之间的 A2p 承载通道，终端 5 使用与 4 相同的承载格式初始化，且在上下文中处于 isolate 状态。

f. MGW 返回一个应答，包含终端 5 的 SDP。

g. 目标 MSCe 向目标 BS 发送 BEARER UPDATE REQUEST 承载更新请求消息，带去终端 5 首选的承载格式。

h. 如果目标 BS 收到 BEARER UPDATE REQUEST 消息,则会给目标 MSCe 返回一个 BEARER UPDATE REQUEST ACK 承载更新请求响应消息,带回终端 6 选择的承载格式。

i. 主控 MSCe 确认了与目标 BS 建立了连接,主控 MSCe 向服务 MSCe 返回 MAP 响应 handback 2。

j. 服务 MSCe 向服务 BS 发送切换命令 Handoff Command,通知 MS 应该开始接入目标 BS 的信道了。

k. 服务 BS 向服务 MSCe 发送 Handoff Commenced 切换开始消息,表示 MS 收到切换指令并开始切换。

l. 目标 BS 在分配的业务信道上收到了 MS 的信号,向目标/主控 MSCe 发送 Handoff Complete 切换完成消息,指示 MS 已经成功的接入。

m. 主控 MSCe 向服务 MSCe 发送 FACREL 指示切换成功。

n. 主控 MSCe 同时向服务 MSCe 发送 SIP 消息 BYE,指示拆除二者之间的 RTP 承载通道。

o. 主控 MSCe 向 MGW 发送 SUBTRACT 命令要求 MGW 删除与服务 MGW 相连的终端 7,将终端 5 与 4 双向接通。

p. 主控 MGW 返回 SUB 的应答。

q. 服务 MSCe 返回 facrel 响应。

r. 服务 MSCe 同时返回对 BYE 消息的 200 OK 响应。

s. 服务 MSCe 向 MGW 发送 SUBTRACT 命令,要求 MGW 删除与原 BS 相连的终端 9 以及与主控 MGW 相连的终端 8。

t. 服务 MSCe 同时向原 BS 发送 Clear Command 清除命令消息,指示原 BS 释放呼叫资源包括空中资源和与服务 MGW 相连的 RTP 资源。

u. 服务 MGW 返回 SUB 的应答。

v. 服务 MSCe 收到原 BS 的 Clear Complete 清除完成消息,至此本次后向切换完成。

3. 三方切换

LMSD 系统内的三方切换流程如图 6.4-20 所示。

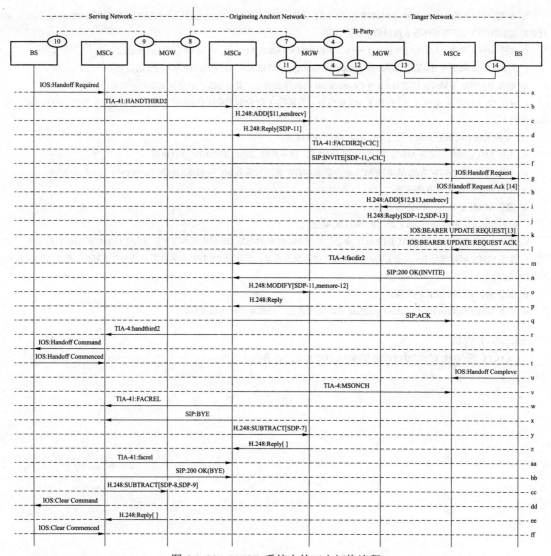

图 6.4–20　LMSD 系统内的三方切换流程

a. 服务 BS 向服务 MSCe 发送 Handoff Required 切换申请消息，发起一个切换过程，切换申请消息中包含 MS 所支持的承载的格式（编码格式）及目标小区列表。

b. 服务 MSCe 根据目标小区的位置确定要切换到第三方 MSCe；向主控 MSCe 发送 MAP 消息 HANDTHIRD2，消息中含参数 vCIC。

c. 主控 MSCe 向 MGW 发送 ADD 命令，在终端 4 所在的上下文中增加一个新的终端 11，用来建立与目标 MGW 之间的 yy 承载通道，终端 11 使用与 4 相同的承载格式初始化。

d. MGW 返回一个应答，包含终端 11 的 SDP。

e~q. 对主控与目标 MSCe 而言，与局间前向切换流程一致。

r. 主控 MSCe 确认了与目标 MGW 建立了连接，主控 MSCe 向服务 MSCe 返回 MAP 响应 handthird 2。

s~v. 对主控与目标 MSCe 而言，与局间前向切换流程一致。

w. 主控 MSCe 向服务 MSCe 发送 MAP 消息 FACREL，指明切换成功。

x. 主控 MSCe 同时向服务 MSCe 发送 SIP：BYE 消息，指示拆除 RTP 通道。

y. 主控 MSCe 向 MGW 发送 SUBTRACT 命令，要求删除与服务 MGW 相连的终端 7。

z. 主控 MGW 返回 SUB 应答。

aa. 服务 MSCe 向主控 MSCe 返回 MAP 响应 facrel。

bb. 服务 MSCe 同时向主控 MSCe 返回 SIP 响应 200 OK。

cc. 服务 MSCe 同时向 MGW 发送 SUBTRACT 命令要求 MGW 删除与原 BS 相连的终端 9 以及与主控 MGW 相连的终端 8。

dd. 服务 MSCe 向服务 BS 发送 Clear Command 清除命令消息，指示服务/原 BS 释放呼叫资源包括空中资源和与服务 MGW 相连的 RTP 资源。

ee. 服务 MGW 返回 SUB 的应答。

ff. 服务 MSCe 收到原/服务 BS 的 Clear Complete 清除完成消息，至此切换完成。

6.4.3.4　2G 系统向 3G 系统切换

2G 向 3G 系统的切换流程，类似 2G 的局间前向切换流程，具体不同之处为：

目标 MSCe 与 MGW 有信息交互；

目标 MSCe 与目标 BS 之间建立的是 RTP 承载通道；

目标 MSCe 申请一个 TDM 终端，用于连接主控 MSC；申请一个 RTP 终端，用于连接 3G BS。

2G 系统向 3G 系统切换的流程如图 6.4–21 所示。

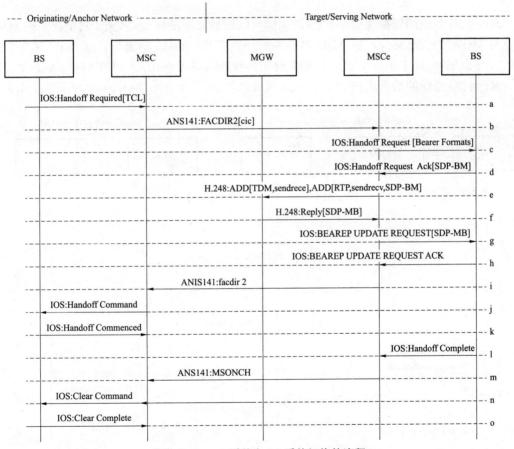

图 6.4–21　2G 系统向 3G 系统切换的流程

a. 服务 BS 向主控 MSC 发送 Handoff Required 切换申请消息，发起一个切换过程，切换申请消息中含目标小区列表 TCL。

b. 主控 MSC 根据目标小区的位置确定要切换到另一个 MSCe。主控 MSC 分配切换电路 CIC，向目标 MSCe 发送 TIA–41：FACDIR2 消息，消息中包含参数 CIC。

c. 目标 MSCe 向目标 BS 发送 Handoff Request 切换请求消息，消息中带目标 MGW 所支持的承载格式。

d. 目标 BS 向目标 MSCe 返回 Handoff Request Ack 切换请求应答消息，其中包括 BS 侧的终端 BM 及终端描述 SDP–BM，以及 BS 所支持的承载格式；同时尝试接入 MS。

　　e. 目标 MSCe 向目标 MGW 发送 ADD 命令，在 MGW 上创建一个新的上下文和新的 RTP 终端 MB 及电路终端。命令中携带 SDP–BM。

　　f. 目标 MGW 创建电路终端及 RTP 终端 MB，返回一个应答，应答中包含终端 MB 的 SDP。

　　g. 目标 MSCe 向目标 BS 发送 BEARER UPDATE REQUEST 承载更新请求消息，消息中携带 SDP–MB。

　　h. 目标 BS 返回 BEARER UPDATE REQUEST ACK 响应消息。

　　i. 目标 MSCe 确认与目标 BS 建立了连接，向主控 MSC 发送 facdir 2 响应。

　　j. 主控 MSC 向服务 BS 发送切换命令 Handoff Command，通知 MS 应该开始接入目标 BS 的信道了。

　　k. 原 BS 向主控 MSC 发送 Handoff Commenced 切换开始消息，表示 MS 收到切换指令并开始切换。

　　l. 目标 BS 在分配的业务信道上收到了 MS 的信号，向目标 MSCe 发送 Handoff Complete 切换完成消息，指示 MS 已经成功的接入。

　　m. 目标 MSCe 收到切换完成的消息后，向主控 MSC 发送 MAP 消息 MSONCH，指示目标 BS 已经接入了 MS。

　　n. 主控 MSC 向原 BS 发送 Clear Command 清除命令消息，指示原 BS 释放呼叫。

　　o. 主控 MSC 收到原 BS 的 Clear Complete 清除完成消息，至此切换完成。

6.4.3.5　3G 系统向 2G 系统切换

　　3G 向 2G 系统的切换流程，与 2G 的局间前向切换流程没有太大变化，只是在主控 MSCe 中有与 MGW 的信息交互，用 ADD 命令添加一个 TDM 终端，用来与目标 MSC 建立 PCM 话路，用 SUBTRACT 命令删除一个 RTP 终端，释放与原服务 BS 之间的 A2p 承载通道。

　　3G 向 2G 系统的切换流程如图 6.4–22 所示。

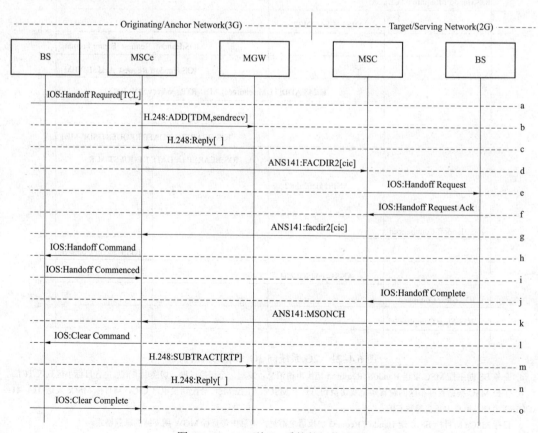

图 6.4–22　3G 到 2G 系统的切换流程

a. 服务 BS 向主控 MSCe 发送 Handoff Required 切换申请消息，发起一个切换过程，切换申请消息中包含 MS 所支持的承载的格式（编码格式）及目标小区列表。

b. 主控 MSCe 根据目标小区的位置，确定要切换到另一个 MSC；向 MGW 发送 ADD 命令增加一个新的电路终端 CIC，用来建立与另一个 MSC 的连接。

c. 主控 MGW 返回一个应答。

d. 主控 MSCe 向目标 MSCe 发送 TIA-41：FACDIR2 消息，消息中包含参数 CIC。

e. 目标 MSC 向目标 BS 发送 Handoff Request 切换请求消息。

f. 目标 BS 向目标 MSC 返回 Handoff Request Ack 切换请求应答消息，同时尝试接入 MS。

g. 目标 MSC 确认与目标 BS 建立了连接，向主控 MSCe 发送 facdir2 响应。

h. 主控 MSCe 向服务 BS 发送切换命令 Handoff Command，通知 MS 应该开始接入目标 BS 的信道了。

i. 原 BS 向主控 MSCe 发送 Handoff Commenced 切换开始消息，表示 MS 收到切换指令并开始切换。

j. 目标 BS 在分配的业务信道上收到了 MS 的信号，向目标 MSC 发送 Handoff Complete 切换完成消息，指示 MS 已经成功的接入。

k. 目标 MSC 收到切换完成的消息后，向主控 MSCe 发送 MAP 消息 MSONCH，指示目标 BS 已经接入了 MS。

l. 主控 MSCe 向原 BS 发送 Clear Command 清除命令消息，指示原 BS 释放呼叫资源包括空中资源和与主控 MGW 相连的 RTP 资源。

m. 主控 MSCe 向主控 MGW 发送 SUBTRACT 命令要求 MGW 删除与原 BS 相连的终端。

n. 主控 MGW 返回 SUB 的应答。

o. 主控 MSCe 收到原 BS 的 Clear Complete 清除完成消息，至此切换完成。

本章小结

本章节向大家介绍了升级为 3G 网络中新增加的协议，有 H.248 协议，SIP 协议，SIGTRAN 协议这些都是在实验操作中具体需要应用的。另将常用的业务流程也进行了介绍以便为后续的测试做好准备。

思 考 题

1. H.248 协议概念和功能是什么？

2. SIP 协议功能是什么？

3. SIGTRAN 协议与 No.7 协议的区别是哪些？

4. 常用业务流程有哪些？